设施黄瓜基质栽培原理与技术

李　杰　吕　剑　主编

中国农业出版社
北　京

编 委 会

主　　编　李　杰　吕　剑

副 主 编　秦裕波　杨　萍

参编人员　李　娟　徐文娟　牛蒙亮

张大龙　关晓溪　丁云飞

刘朝巍

目　　录

第一章 栽培设施的类型、环境及建造

设施农业是有别于露地农业的一种新型农业生产形式，按主体不同可分为设施种植（设施园艺）和设施养殖两大部分。设施园艺的主要设施包括简易保护设施（风障、阳畦和温床等）、夏季保护设施（防雨棚、防虫网和遮阳网等）、塑料大棚、日光温室、现代温室和植物工厂及其配套设备等。基于以上设施，其在园艺作物周年生产中的作用有育苗、越冬栽培、早熟栽培、延后栽培、炎夏栽培、促成栽培、软化栽培、假植栽培（贮藏）以及无土栽培。设施养殖主要包括水产养殖和畜牧养殖。设施养殖的主要设施有保温与遮阳棚舍、现代集约化饲养畜舍及配套设备等。我国三北地区以日光温室和单栋塑料大棚为主，华中、华南以连栋塑料大棚、遮阳网等设施为主。本章设施类型主要集中于狭义的设施园艺栽培设施及配套设备，根据我国设施园艺的发展历程，依据其结构、性能与应用特点，本章主要对日光温室和塑料大棚两个部分进行阐述。

第一节 日光温室

中华人民共和国农业工程建设标准《日光温室建设标准》中，将日光温室定义为："东西墙及北墙均为实体墙或复合墙体、后屋面为保温屋面、南侧前屋面为采光面的温室"。日光温室发源于19世纪80年代初的辽宁海城，80年代末，经瓦房店推广至山东、河北等地，后在东北、华北、西北等高寒、干旱地区广泛应用，是目前我国北方地区特有的一种设施类型，它以太阳辐射能为主要热源，具有优良的保温和蓄热功能的单屋面覆盖节能温室。节能型日光温室是指即使在最寒冷的季节，也只依靠太阳光来维持室内一定的温度水平，以满足蔬菜等作物的生长需要。

日光温室充分利用光热资源，成功解决了我国北方地区冬季瓜果蔬菜生产供应难的问题，成为北方乃至全国“菜篮子工程”供应的重要手段、农民增收的重要途径和农业产业结构调整、农业现代化和新农村建设的重要内容，其节能减排效果显著，为提高城乡居民的生活水平、社会稳定做出了历史性贡献。

日光温室的跨度一般范围是6.0～10.0m，脊高一般范围是4.0～5.0m，在控制适当的跨度脊高比例的同时，合理设计屋面角，随着纬度升高，温室跨度逐步缩小。温室长度多在60m以上，对于配置电动保温被的温室，一般单侧卷被温室长度控制在60～80m，双侧卷被长度可延长到100m以上。

日光温室具有良好的采光屋面，能最大限度地透过阳光；保温和蓄热能力强，能够在温室密闭的条件下，最大限度地减少温室散热，温室效应显著；温室的长度、跨度、脊高和后墙高、前坡屋面和后坡屋面等规格尺寸及温室规模适当；温室结构抗风压、雪载能力强，温室骨架不仅坚固耐用，而且阴影遮光较小；具备易于通风换气、排湿降温等环境调控功能；整体结构有利于作物生长和人工作业；温室结构有利于充分合理地利用土地，节省非生产部分的占地面积。

日光温室是我国首创的，其结构类型多样，名称也不尽统一。日光温室的分布范围广泛，从江苏省的北部（长江以北）至黑龙江省，日光温室随处可见。我国设施蔬菜栽培的历史可以追溯到秦代，但温室蔬菜的栽培直到清末才开始发展，20世纪30年代才受到重视，80年代中后期随着聚乙烯材料的国产化，日光温室面积得到了长足发展。据统计，到2018年，全国温室总面积为189.42万hm^2，其中，日光温室面积为57.75万hm^2，占温室总面积30.5%。目前技术日臻完善，其意义及优越性进一步显现。日光温室蔬菜产业虽然只有约30年的历史，但其发展令世人瞩目。节能型日光温室的出现和发展，使得喜温果菜不加温全季节生产已由最低气温−20℃地区推移到−28℃地区，地理纬度由北纬40.5°地区向北推移到北纬42.5°地区。我国日光温室高效节能的生产技术已达到国际领先水平，是我国设施农业领域具有划时代意义的成就。

一、类型及其特点

根据温室前屋面形状可分为：半拱形日光温室和一斜一立式日光温室（图1−1）。

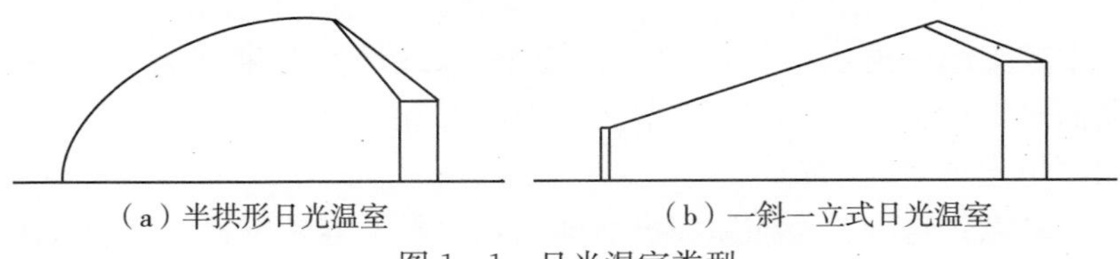

（a）半拱形日光温室　　（b）一斜一立式日光温室

图1−1　日光温室类型

（一）半拱形日光温室

无论温室墙体、后屋面和骨架使用什么材料建造，只要前屋面是拱形的，包括圆拱形、锥圆形、抛物线形，均属于半拱形日光温室。从20世纪70年代开始使用塑料薄膜作为透明覆盖物以来，在玻璃温室向塑料薄膜温室过渡的过程中，既延续了玻璃温室后屋面的规格，又在不断改进和创新。日光温室的类型大体有长后坡无后墙日光温室、长后坡矮后墙日光温室、短后坡高后墙日光温室和无后坡日光温室四种。目前主要以短后坡高后墙日光温室为主。其结构特点是日光温室抬高了后墙，缩短了后屋面水平投影。温室跨度6～12m，后屋面水平投影2m，后墙高1.8～2.5m，温室脊高2.4～5m。优点是温室的透光率和透光量得到提高，升温快，光照充足，适合各种园艺作物栽培。缺点是建造后墙用工用料多，夜间温度下降较快，保温效果不如长后坡无后墙日光温室和长后坡矮后墙日光温室，需增加墙体和后屋面厚度，前屋面夜间需覆盖单层草苫或双层草苫加盖保温被。

（二）一斜一立式日光温室

一斜一立式日光温室是从传统的一斜一立式玻璃温室发展而来的。由于采用竹竿作拱杆，前屋面覆盖塑料薄膜，建造比较容易，于是扩大了跨度，抬高了前立窗，中脊也有所提高。自20世纪80年代中期以来，一斜一立式日光温室在采光、保温设计方面已进行了多次改进。

1. 普通一斜一立式日光温室

结构：普通一斜一立式日光温室的后屋面骨架和构造与半拱式基本相同，前屋面拱杆用小头直径3～4cm竹竿做成，拱杆间距50～60cm，上端固定在脊檩上，下端固定在前立窗上。前立窗是用木桩支起一道横梁构成的。北纬40°以北地区跨度多为6m，后屋面水平投影1.4～1.5m，脊高2.4～2.5m，前立窗高60cm，前屋面采光角23°左右。

缺点：这种温室前屋面没有弧度，薄膜不容易压紧，遇到大风天气，屋面薄膜容易鼓起，随着风速的变化而出现上下摔打现象，往往造成薄膜破损，必须用竹竿或木杆作压杆才能压牢。

2. 琴弦式日光温室

结构：琴弦式日光温室是瓦房店农民创造的，其跨度7m，脊高3.1m，后屋面水平投影1.2m，前立窗高80cm，后墙高2.2～2.3m，前屋面每3m设一桁架，桁架用木杆或钢管作成，桁架上端固定在脊檩上，下端固定在前底角木桩上。在桁架上东西横拉8号铁丝，铁丝间距30～40cm，两端固定在东西山墙外的地锚上，使前屋面呈琴弦状。在8号铁丝上按75cm间距，用直径25cm的细竹竿作拱杆。

优点：琴弦式日光温室由于增高脊高，加大了跨度，提高了太阳光的入射角度，使采光和贮热性能得到了提高，冬季成功栽培瓜类、茄果类以及菜豆类等喜温蔬菜。

缺点：琴弦式温室前屋面没有弧度，因此，固定薄膜不能使用压膜线，只能在薄膜外面用细竹竿压在拱杆上，用细铁丝穿透薄膜，把上下细竹竿拧紧，从而将棚膜压住。用这种方法固定棚膜，其缺点是在薄膜上要穿透很多孔洞，不但增加了缝隙释放热量，薄膜也容易从穿孔处破损。琴弦式日光温室前屋面采用钢管桁架可不设立柱，但用竹木桁架强度不够时，可设一排或多排立柱。

（三）日光温室的墙体类型

日光温室墙体承载着温室的围护、结构承重和保温蓄热等多重功能，因此，墙体材料和墙体结构性能的好坏直接影响日光温室整体性能。日光温室的墙体结构及建造材料的更新与发展，是随着人们对日光温室墙体功能的研究和认识、温室建设要求的提升、建筑材料的变化以及建造技术的革新而同步发展的。在近 30 多年的发展历程中，日光温室的墙体结构从最早的土墙结构发展到砖墙结构；从蓄热保温的复合墙体发展到隔热围护的单功能墙体，建筑材料更是因地制宜、就地取材，从生土、砖石、作物秸秆等传统建材发展到保温彩钢板、加气混凝土块、大型楼屋面板、发泡水泥等现代建筑材料，使温室建造的工业化、标准化水平不断提升，墙体设计的理念也在不断更新，可以说当前日光温室墙体结构和材料已经走到了一个创新与变革的年代。

墙体（特别是后墙）起到承重、保温和蓄热的作用，是节能日光温室与其他园艺设施的最大区别所在，也是传统日光温室节能化改造的重点对象。按照墙体材料类型，日光温室主要可划分为土墙温室、砖墙温室、异质复合墙体温室和组装墙体温室四大类。传统的日光温室墙体，由于受到材料本身传热特性的限制，吸热、放热能力有限，不能满足温室的增温需求。为进一步提高墙体吸收和储存热量的能力，研发出了主动蓄放热墙体。

1. 土墙温室　土的比热值很大，保温和蓄热性能良好，土墙是很理想的日光温室墙体。因此，我国日光温室建造大部分墙体采用土墙结构，至今仍是广泛使用的日光温室墙体类型之一。

传统日光温室的墙体多为素土夯实墙、素土碾压墙或砖砌墙。素土具有就地取材、易于施工、造价低廉的优点，但土墙结构也存在一些天然的缺陷，即结构的耐久性差；各地土质不同，墙体的性能差异较大（沙质土壤不能打墙）；吸湿能力强，潮湿后保温能力下降很快；墙体防雨水冲刷的能力差；材料的保温性能较差，要满足温室的保温，必须建造很厚的墙体，中国应用较为广泛的“寿光5代”日光温室的土墙底部宽度就达到了3.5～4.5m，导致占地面积大，土地利用率低；墙体建造对土壤的破坏比较严重，尤其对可以用于种植的有机质土层破坏严重，土壤肥力恢复时间长，改造花费成本也高。可见，土墙结构的缺点几乎和优点一样多。因此，长久以来，人们一直在研究和探索替代土墙的新建筑材料和建造技术。

2. 砖墙温室 砖是最早用于替代土墙的建筑材料。与土墙结构相比，砖墙结构具有耐久性好，占地面积小、美观、承载能力强等优点，但相应造价较高。此外，由于黏土砖的导热性与土壤相差无几，实心的砖墙，不论墙体厚度是24cm、37cm还是49cm，其保温性能都无法与宽厚土墙相比较，难以满足日光温室的保温要求，因此，早期的做法是采用空心墙或夹心复合墙，利用空气或填充保温材料的绝热性能来提高墙体的保温性能。而保温性能的好坏主要取决于填充材料的性能。

可填充的保温材料包括炉渣、珍珠岩、蛭石、陶粒、土等松散保温材料以及聚苯乙烯泡沫板等块状材料。研究发现，由于两堵墙体之间空隙宽度一般在10～12cm，空气在其中容易形成上下对流，使空心墙体的保温性能远达不到理想静止空气的隔热效果，因此，在实践中基本不采用空心墙体，而采用填充墙体。但松散材料的保温墙体，由于材料容易吸潮，而且随着时间的延长，保温材料在自重作用下逐渐被压实，造成墙体上部自然形成空心，保温性能下降。鉴于此，用吸潮性差的聚苯乙烯泡沫板作墙体保温层就成了夹心墙体的主流，用这种材料，墙体厚度小，占地面积少，施工速度快，虽然价格较高，但在具有一定经济实力的示范园区建设中被大量采用。

通过实践，人们逐步认识到，这种夹心结构墙体与日光温室墙体保温蓄热的理论有一定冲突。长期以来大家认为，温室墙体的内侧材料主要起储热和放热的作用，而外侧保温层则主要起隔热的作用，也就是主要抵御外部冷量侵入，同时阻止内部墙体热量扩散。从这种理论分析，如果将保温层设在墙体的中间，保温层的外侧墙体对温室整体性的保温基本没有太大作用，它的存在只是保温层的一个围护结构，对松散保温材料还有其存在的必要性，但对块状保温材料而言则基本没有存在的必要。所以，对块状保温材料，墙体结构的革新直接演变成了外贴式，即取消复合墙体的外层砖墙，直接外贴聚苯乙烯泡沫板，而且进一步延伸，用其他保温性能良好的砌筑材料替代传统的聚苯乙烯泡沫板。这样不仅革新了墙体结构，而且使墙体材料的获取渠道也更加丰富。

外贴保温层的做法，使保温层与砖墙的结合更加紧密，砖墙也可以从夹心墙的两堵 24cm 厚墙体简化为一堵 24cm 或 37cm 厚砖墙，不仅节约了建设用地，而且节约了投资成本，加快了温室墙体的建设速度，也增强了温室的保温性能。目前这种做法已经成为日光温室砖墙结构建设的主流。

为进一步增强这种墙体结构内层砖墙的储热和放热能力，新的墙体革新主要体现在：一是采用热惰性更强的水泥砖材料替代传统的黏土砖材料，通过提高建筑材料的储放热能力来提升墙体的储放热性能；二是在建造砌筑方法上采用了波浪形或蜂窝状墙体砌筑方法，通过增大墙体内表面的比表面积，加大墙体与温室内空气的热交换，来增强墙体的储放热能力。研究表明，这种做法可有效地增加温室墙体的储热和放热量，对提高温室夜间温度具有良好的效果。但波浪形或蜂窝状墙体砌筑方法，由于施工速度慢，人工成本高，相应增加了墙体的建造成本，因此，没有得到大量推广。

3. 异质复合墙体温室　黏土砖由于制造和烧结过程中大量消耗土壤和能源，破坏耕地和生态环境，因此，早在 20 世纪 80 年代，国家建设部就开始禁止在民用建筑中使用，这一政策目前已扩散到广大的农村建筑中，致使日光温室建设中黏土砖的来源渠道越来越少，价格越来越高。在这种客观形势的驱动下，人们迫切需要改革传统日光温室的砖墙结构，于是产生了各色各样的新型异质复合日光温室墙体结构和材料。

复合墙体由不同墙体材料和保温材料组成，其支撑性比土墙好，保温性优于单质砖墙。日光温室较理想的复合墙体内侧应由蓄热能力较强的材料组成蓄热层，外层由导热、放热能力较差的材料组成保温层，中间为隔热层。蓄热层主要功能是将白天多余的热量吸收储存起来，在夜晚相对较低的温度下释放出来，以弥补夜晚的温差。蓄热层主要由传统的砖体、素土以及新型的相变蓄热材料组成。这些材料都应具备较大的比热容，以及良好的导热性，且成本低廉也是选择蓄热层不可或缺的一个因素。隔热层主要功能是阻碍蓄热层的热量传导到外层。应用隔热层可以更好的帮助墙体蓄热，减少热量的散失，让热量进行更高效率的应用。保温层为室内提供保温隔热的作用，利用自身热阻大的特点，减小内侧热量向外过度传递，起到阻热、隔热的作用，使温室达到最好的保温效果。同时也可以缓解或防止内部出现冷凝，减小由温度变化引起墙体结构变形的可能性。

异质复合墙体结构种类较多，主要包括空心砖夹层材料、瓶胆式墙体、相变蓄热墙体以及新型材料的复合墙体等。其相应的砖体结构有两种：一种是空心砖，其墙体内部填充保温材料；另一种为多孔砖，该类砖体中含有较多孔洞。

（1）瓶胆式墙体　瓶胆式墙体支撑结构为钢椼架，钢椼架两侧用塑料薄膜包裹，形成空气腔，作为墙体保温的一部分，也有内外层为砖砌体，中间隔层为空心的墙体。具有空心夹层的墙体在外界升温阶段，墙内侧表面的温度低于室温，在降温阶段墙面内侧表面温度高于室温，这种墙体在升温阶段是“吸热体”，在降温阶段是“放热体”，由于空气夹层的阻热作用使得温度的变化波动有明显的后滞现象，因此具有良好的保温效果。该类型墙体安装方便，保温性能好，而且没有用到保温材料，而是运用墙体内的空气，降低了成本。

（2）夹层墙体　夹层墙体蓄热后墙内外层为砖砌体，中间有素土、炉渣、珍珠岩、岩棉等保温材料夹层。内外砌块砌体是由砌块构成的砌体，主要起结构支撑作用，夹层部分主要依靠保温材料的蓄热机理，达到保温蓄热的作用。其中夹层材料主要起隔热作用，利用自身热阻大的特点，减小内侧热量向外侧过度传递，起到阻热、隔热的作用，使温室达到最好的保温效果。

（3）多孔砖　日光墙体支撑结构为多孔砖，同时为蓄热体，墙外侧保温结构，采用聚苯板作为保温材料，并用彩钢板覆盖外侧，保温的同时还保证墙体强度和防水性能。多孔砖和聚苯板之间留有一定空气保温层，以增强保温效果。多孔砖日光墙体安装方便、施工简单、耐久性好，空气层、聚苯板、彩钢板由于导热系数小可以增加墙体热阻，减少热量散失。

（4）相变蓄热墙体　相变材料在日光温室中具有白天“削峰”、夜间“填谷”的作用。相变材料有石蜡、芒硝基、$Na_2SO_4 \cdot 10H_2O$、$CaCl_2 \cdot 6H_2O$、$Na_2HPO_4 \cdot 12H_2O$、脂肪酸类等。采用的封装方式有共混浸泡、砌块封装、稻壳吸附、石墨吸附等，将其制备成微胶囊、板材、砌块。与温室的结合方式主要是将封装之后的相变材料放置在温室的北墙，或利用板材或砌块直接砌筑在日光温室后墙内侧。

用钢桁架充当具有一定支撑体系的结构层，在墙体内侧贴上有很高蓄热能力的相变蓄热板充当蓄热层，用塑料薄膜包裹钢桁架两侧，并在两层钢桁架之间形成空气保温层充当墙体的隔热层，在墙体外侧贴上具有保温作用的保温板来充当保温层，同时贴上具有一定保护作用的彩钢板。相变蓄热墙体主要特点在于：中间由塑料薄膜包裹，形成类似于瓶胆的空气保温层，增强温室保温效果。蓄热板（内部填充水或者十水硫酸钠）由相变材料构成，具有潜热密度大、在一定程度范围内改变其物理状态的能力、蓄热性能好的特点，能够增加墙体蓄热能力，保证日光温室内温度环境的稳定。彩钢板可阻止室外冷空气进入，防止空气腔内形成热对流（静止的空气导热系数最小，流动的空气导热系数增大）。这种墙体安装方便、施工简单、耐久性好，更大限度地利用了太阳能，弥补了普通日光温室接受能量少、室内温度低的缺点，同时利用相变材料将白天过剩的热量转移到夜间，以减少夜间温度的降低，提高温室保温效果。

4. 新型组装式日光温室

（1）模块化组装式日光温室　组装式日光温室将模块化设计的理念和方法用于温室中，将温室结构与生产装备从工厂生产成模块成品，在建设现场一次性组装，形成一个成熟的温室生产建筑。该温室墙体由吸热材料、蓄热材料、绝热材料等组成，结合主动蓄放热技术后，具有良好的蓄放热效果。模块化组装式土墙温室的墙体采用挤塑速土块，用速土成型机建造，通过巨大的压力使土壤变得密实，挤塑土块（干）的密度和抗压强度均显著高于传统夯土墙和碾压墙。

（2）新型保温材料的轻型组装式日光温室　主动蓄放热技术的出现释放了墙体的承重功能，使温室后墙的功能只局限在保温围护的范畴内，工业化的组装式结构可直接应用在日光温室的结构，因此草墙、保温被等众多新型保温材料的轻型组装式日光温室应运而生。

草墙温室　用稻草、麦秸或玉米秸等农业种植的副产品作为温室的墙体围护材料。草墙墙体和屋面围护材料的成型方法主要以块材和片材两种形式。块材是将稻麦秸秆用打捆机压紧打捆成矩形方捆，像砖块等砌体材料一样按错缝堆码的形式直接砌筑。块材一般只用于墙体围护，不用作屋面覆盖。片材是用专门的草帘编织机将稻麦秸秆压紧后，用麻绳、钢丝或其他柔性细绳按照一定的间距扎编，形成固定宽度和固定厚度的片材。片材不能采用堆码的方式形成墙体围护，只能采用吊挂或多点固定的方式与温室的承力结构形成一个整体，但片材除用于墙体围护外，还可以用作屋面覆盖，具有与墙体同样的保温和围护功能。

作为温室围护结构的草墙自身没有承载能力，需要有一套独立的承力体系来承担荷载。因此，对这种材料的温室结构一般做成框架结构，也要求温室的前屋面骨架、后屋面骨架和后墙立柱三者结合形成框架体系。除钢结构框架体系外，采用钢筋混凝土或砖立柱、钢筋混凝土或钢圈梁的后墙支撑体系，同样也能够与前屋面和后屋面钢结构骨架一起形成稳定的承力体系。由于草墙的表面吸水性能较强，生产中，草墙内表面采用无纺布、水泥瓦楞板等不吸水材料防护。外表面保护方法有塑料薄膜包裹、无纺布包裹、水泥或钢板瓦楞板保护、草泥保护、空心砖保护、外挂水泥砂浆保护等。

保温被墙体温室　该类温室用工业化的柔性保温毯或保温被作日光温室的围护墙体（包括后墙和山墙）。保温被墙体的保温材料材质轻、保温性能好、可实现工业化生产，产品的标准化水平高，建造温室规范性好，尤其建材对温室结构产生的荷载很小，在一定程度上能显著减小温室结构构件的截面尺寸，从而减少温室用材，降低温室工程造价。目前在日光温室上使用的保温被材料有喷胶棉保温被和针刺毡保温被等。

泡沫砖墙温室　泡沫砖墙温室是以发泡聚苯乙烯为原料，将其发泡成型为空心并带契口的各种型材，按照温室基础转角、墙体转角、屋檐以及标准墙体等不同部位的形状要求发泡成不同形状和规格的“成型砖”。施工建设中，直接将不同部位的成型砖通过契口装配在一起即形成温室的基础、墙体以及屋檐。

发泡水泥墙温室　发泡水泥自身质量轻、导热系数小、热阻大、保温性能好，而且是现场发泡成型，墙体无接缝、密封性能好。这种温室墙体可深入地基形成温室四周的绝热层，可完全隔绝室内热量向室外的传导。因此是一种保温性能非常好的日光温室。

松散保温材料墙体温室　该类温室由双层透光的塑料片材或薄膜中间夹松散保温材料组合而成。这种结构的墙体保温性能好，尤其到了夏季或者温室不需要保温的季节，还可以将夹层中的松散保温材料用风机吸出，或直接从外层的护板下开洞使松散保温材料从墙体中流出并集中存放，这样日光温室的墙体将变为一种由双层透光围护材料形成的保温墙体，可完全克服后墙对温室的遮光，大大提高了温室内光照的均匀性，从而提高温室生产的产品品质和商品性能。

（3）滑盖温室　滑盖式日光温室发源于辽宁，由沈阳农业大学最早研发完成。滑盖式日光温室是一种标准半圆拱形结构，主体结构为钢骨架，基础为点式基础。保温材料为玻璃丝棉或聚氨酯和彩钢板，透光材料为阳光板和塑料膜。半圆拱北侧的一部分半圆弧由保温材料墙体包裹并固定，其余部分为一个或两个整体的保温滑盖，通过主卷帘系统控制保温滑盖在圆弧轨道上进行开、闭作业，其最显著的特点就是保温盖可滑动，并精准覆盖在温室主体骨架上方达到保温效果，由此得名滑盖式现代温室。

滑盖式节能日光温室是现有日光温室的换代产品，从形式上也采用了传统日光温室由南向采光面和北向保温面组成的东西延长单跨温室结构，与传统日光温室直立后墙和坡面后屋面不同，滑盖式节能日光温室将温室的前屋面、后屋面和后墙光滑地过渡连接成为一个圆拱形不等屋面大棚的形状；大棚的北屋面采用了永久覆盖材料轻质保温彩钢板，从而替代传统日光温室后墙和后屋面，而南屋面为采光面，覆盖透光塑料薄膜和夜间保温板，其中保温板采用了与北屋面相同的覆盖材料，白天打开、夜间覆盖，完全替代了传统日光温室活动保温被；从温室前屋面保温覆盖材料的角度看，滑盖温室将柔性的保温被改变成为刚性的弧形盖板，通过滑动盖板覆盖或揭开温室的采光面，使温室实现白天采光和夜间保温。

作为又一新型结构，滑盖式节能日光温室集成了大型连栋温室和节能日光温室的优点，创新了日光温室“三面墙一面坡、草帘+卷帘机”的传统结构，具有空间大，宽敞明亮，栽培空间大；采光量大并且均匀，升温快；蓄热保温能力强；减少温室后部遮阴，缩小前后温室间距，提高了土地利用率；采用半圆弧形彩钢板滑动覆盖，具有防雨、防雪、防风、防火、防盗等功能；组装件工厂化生产，温室标准化组装，缩短了温室建造周期等特点。

二、结构

日光温室的基本结构均具备：后墙、前后屋面（后坡）中柱、柱脚石、墙基、防寒及不透明覆盖物（保温）。结构参数主要包括温室方位、跨度、高度、前后屋面角、墙体和后屋面水平投影长度、防寒沟尺寸、温室长度等。其结构如图 1-2 所示。

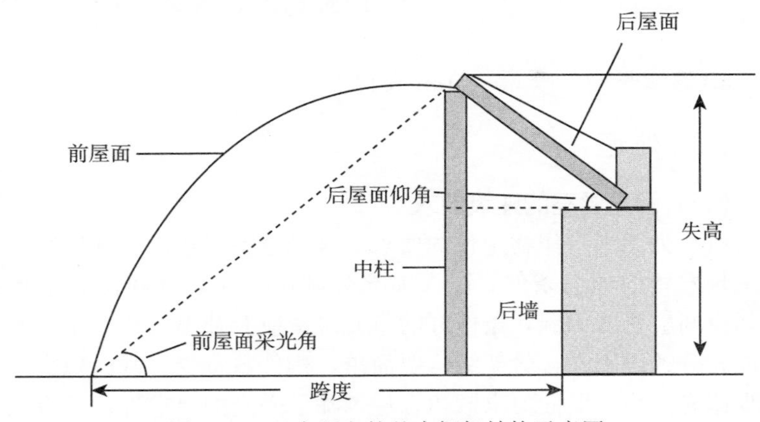

图 1-2　日光温室的基本框架结构示意图

1. 温室方位（温室屋脊的走向）　日光温室仅靠向阳面采光，东、西山墙和后墙都不透光，一般都是坐北朝南，东西延长，采光面朝向正南方偏东或偏西 5°～7°，以充分采光、蓄热。

2. 温室跨度（温室内北墙到南向透明屋底角间的距离）　目前认为日光温室跨度以 8～10m 为宜。

3. 温室高度（温室屋脊到地面的垂直高度）　一般为 4.0～5.0m。

4. 温室前、后屋面角　前屋面角（前坡角）指温室前屋面底部与地平面的夹角，要保证“冬至”（太阳高度最小角日）温室内的透光率，前屋面角确保在 20.5°～31.5°及以上。后屋面角（后坡角）指温室后屋面与后墙顶部水平线的夹角，以大于当地冬至正午时刻太阳高度角 5°～8°为宜。

5. 温室墙体和后屋面的厚度　温室墙体和后屋面既起承重的作用，又可起保温蓄热的作用。厚度为 0.5～1.5m，因地制宜。

6. 后屋面水平投影长度　后屋面越长，夜间保温越好，但是有遮光现象，影响作物生长。根据计算，温室高度在 3.0～3.2m 内，后屋面水平投影长以 1.0～1.5m 为宜。

7. 防寒沟尺寸　防寒沟有冬天保温、夏天隔热的作用，一般深0.5～0.8m、宽0.3～0.5m，内置锯末、禽粪、稻壳的等隔热物。

8. 温室长度 以50～60m为宜。

三、建造

（一）日光温室的建筑要求

（1）为了满足作物生长的要求，日光温室的建造应选择适于作物生长发育的环境条件，白天能充分利用日光，以获得大量光和热，夜间应密闭保温，条件好的日光温室应有补温设备。屋面形状应能充分透进阳光，骨架结构要简单，构件数量少，截面积小，以减少遮光面积。屋面要求倾角合理，除了采光的要求外，还应保证下雨时薄膜屋面上（尤其是屋脊附近）的水滴容易顺畅流下，不发生积水。随着作物生长阶段的不同和天气的变化，应便于调控温室内的小气候，特别是春、夏的高温高湿和秋、冬季的低温、弱光环境，不仅影响作物的生长，还易诱发病害，所以要求日光温室能方便调控室内环境，气温高或湿度高时应便于通风换气和降温，日照过强时应采取遮阴措施。此外，还应设置施肥和灌溉设施。

（2）良好的生产作业条件，日光温室内应适于劳动作业，保护劳动者的自身安全，室内要有足够大的空间，尽量减少或取消立柱，便于室内的生产管理作业，立柱也不必过于高大，否则不方便通风和扣膜等作业，影响温室结构，为减轻草苫卷收放作业的劳动强度，应考虑设置机械卷放设备。

（3）日光温室使用中内部结构会受风、雨、雪和室内生产、设施维护作业等产生的荷载影响，使用中必须切实保证结构的安全，此外日光温室使用中会遇到积雪、暴风和冰雹等自然灾害，温室必须具有足够坚固的结构，以保证日光温室使用中不受到破坏。

（4）覆盖材料对温室内的光照和温度等环境状况均有重要的影响，要求选用透光率高、保温性好的覆盖材料，此外，覆盖材料应不易污染、抗老化、且防滴性好。玻璃和聚碳酸酯PC板材是理想的覆盖材料，保温和透光性能良好，寿命长，但比较昂贵。因此生产上以塑料薄膜为主，聚乙烯膜在我国应用最多，其透光、保温性和防滴性等较差，寿命短，但价格实惠。近年来，聚氯乙烯、醋酸乙烯以及多种新型功能性复合薄膜的出现，极大地满足了生产上的多方面需要。

（5）建造成本不宜太高，尽量降低建筑费和运行管理费是关系日光温室能否实现经济效益的重要问题，这与坚固的结构、完备的环境调控功能等要求互相矛盾。因此，要根据当地的气候和经济情况合理考虑建筑规模和设计标准，选择适用的日光温室类型、结构、材料以及环境调控的设备。此外，日光温室是轻体结构，使用年限一般为 10～20 年，在结构设计的参数取值和建筑规模上应与一般建筑物有所不同。

（6）注意保护环境，应采取适当方式处理废旧薄膜和营养液栽培的废液，避免对环境造成污染。

（二）日光温室基址的选择

日光温室园艺生产属于新兴产业，对于大规模连片的温室群发展，首先要选好地块，调整土地，进行合理规划。场地应选择适于温室、大棚的建设地点，主要考虑气候、地形、地质、土壤，以及水、暖、电、交通运输等条件。

1. 气候条件

（1）气温　尤其是冬季和夏季的气温，对冬季所需的加温以及夏季降温的能源消耗进行估算。

（2）光照　考虑光照度和光照时数，其状况主要受地理位置、地形、地势和空气质量等影响。

（3）风　从结构上讲，风荷载，即风压，是温室和塑料大棚两种轻型结构的首要荷载。建筑荷载规范的基本风压是以一般空旷平坦地面离地 10m 高，统计得到的 30 年一遇、10min 平均最大风速为标准计算。计算温室大棚风荷载大小时应乘以调整系数 0.8～0.9 和风载体形系数（2.5m 高为 0.56）。风向以及风带的分布在选址时也要加以考虑。对主要用于冬季生产的温室或寒冷地区的温室应选择背风向阳的地带建造；全年生产的温室应注意利用夏季的主导风向进行自然通风换气，避免在强风口或强风地带建造温室，以利于温室结构的安全；避免在冬季寒风地带建造温室，以利于温室的保温节能，由于我国北方冬季多西北风，庭院温室一般建造在房屋的南面，大规模的温室群要选在北面有天然或人工屏障的地方，其他三面屏障应与温室保持一定的距离，以免影响光照。

（4）雪　从结构上讲，雪荷载主要是北方地区温室和塑料大棚两种轻型结构的主要荷载，要避免在大雪地区和地带建造。堆积在屋面上雪的重量，是最深积雪深度和积雪比重的乘积。建筑规范规定的基本雪压是以一般空旷平坦地面上的 30 年一遇最大积雪深度为标准计算出的。实际计算雪压时，应乘以积雪单位体积重量系数 0.8～0.9 和屋面积雪分布系数。

（5）冰雹　冰雹影响普通玻璃温室的安全，要根据气象资料和局部地区调查，研究确定冰雹危害的可能性，避免普通玻璃温室建造在可能造成冰雹危害的地区。

2. 地形、地质条件　平坦的地形可以节省造价和便于管理，同时，同一栋温室内坡度过大会影响室内温度的均匀性，从而加大热能耗量和操作管理的不便；但过小的地面坡度又会使温室的排水不畅，一般认为地面应以不大于 1%的坡度为宜，要尽量避免在向北面倾斜的斜坡上建造温室群，以免造成遮挡朝夕的阳光和加大占地面积，有必要对场址进行地质调查和勘探，以避免因局部软弱带、不同承载能力地基等原因导致不均匀沉降。

3. 日光温室的周围环境

（1）基质　栽培基质是决定栽培适应状况、灌溉、排水等基本条件的重要因素。一般选择透气性好、保水、保肥效果好，无污染和盐渍化的基质。采用基质栽培可以较好地防止连作障碍和土传病害的发生，进而充分利用土质恶劣的土地。

（2）水　由于温室对灌溉、水培、供热、降温等用水的水量、水质要求高，选择场址时必须考虑场区周围给水管网或水源条件和水质，应尽量靠近河流等水源地，但要避免将温室置于污染源的下游，同时，要有排、灌方便的水利设施，必须从电力供应的数量和稳定性上加以保证，可设置双路供电系统或自备发电机。

（3）电　电力是必备条件之一，特别是有采暖、降温、人工光照、营养液循环系统机等。

（4）交通　交通应避开主干道，以防尘土污染覆盖材料。温室的生产中，城市、工矿带来的污染会对植物的不同生长期有严重的危害，乃至影响公众的健康。因此，温室的场址应远离化工厂、金属制造厂、造纸厂、火力发电厂等各种污染源。由于温室生产有大量的产品要运出和大量的物资、设备要运入，因此温室场区应离产品集散区、火车站、港口、机场等较近，否则会增加产品的成本。

4. 其他因素　选择在上风口，以及空气流通良好的地带。另外，为降低温室的运行费用，温室的建设应尽量利用自然资源，应尽量在靠近无污染而又有余热的地区（如发电厂附近）或具有地热资源的地区建造温室，提高温室农产品的竞争力。

（三）日光温室的间距选择

为提高土地利用率，前后相邻温室的间距不宜过大。但必须保证阴影面积最大时不至于产生遮阴。一般以冬至日中午 12：00，前排温室的阴影不影响后排采光为计算标准。纬度越高，冬至日的太阳高度角就越小，阴影就越长，前后栋的间距就越大。

（四）日光温室的方位选择

在冬季光照时间短、光照弱的冬至期间，为尽量争取多透入太阳光，首先要确定好日光温室的方位。方位俗称“向口”，即日光温室透光面的朝向。日光温室东西延长，坐北朝南，前屋面朝南，有利于接受阳光。方位正南，正午时太阳光线与温室前屋面垂直，透入室内的太阳光最多，强度最高，温度上升最快，对作物光合作用最有利。根据地理纬度不同，温室可采用不同的最佳方位角。北纬 40°左右地区，日光温室以正南方位角比较好；北纬 40°以南地区，以南偏东 5°比较适宜，太阳光线提前 20min 与温室前屋面垂直，温度上升快，作物上午光合作用强度最高，因此南偏东 5°，对光合作用有利；北纬 40°以北地区，由于冬季外温低，早晨揭苫较晚，则以南偏西 5°为宜，这样太阳光线与温室前屋面垂直延迟

20min，相当于延长午后的日照时间，有利于高纬度日光温室夜间保温。

（五）温室建筑放线

施工放线的任务是具体确定墙体砌筑的位置或基础施工要求基槽开挖的位置。对于一栋具体的温室，基槽开挖前应该确定的参数包括温室的方位、温室其中一个点的具体坐标位置及温室的高程系统。确定温室其中一个点（一般为后墙与山墙轴线的交点）的坐标位置及其高程，在施工测量上称为“场地定位”。在温室总平面施工图中新建温室的定位点总是要从建设场区周围比较明显的建筑物上引出，一般在永久建筑物的拐角或等级公路交叉路口的中心点等，如果建设场地附近没有明显的参考点，新建温室的定位点就需要从最近的县级以上水准点引出。设计图中有相对坐标和绝对坐标两种表示方法，其中相对坐标就是从建设场地周围的某点引出，绝对坐标一般是从水准点引出。不论是哪种表示方法，坐标的引出点即施工测量的起始点，从这一点可以获得坐标网格的（0，0）点，或在方格网坐标系中的某个结点和高程系统的起始点，这是全部工程施工的最原始的基准点，温室施工将从这里开始。

（六）骨架的焊接

骨架的焊接质量是直接影响构件质量的最重要的因素。一般在焊接底胎杆上，下弦杆的连接只是点焊，固定各构件的位置，其后可脱膜在平整的地面或操作平台上进行全面焊接，要求对骨架的两侧平面分别进行焊接，以确保各个焊接节点焊接牢固。对于薄壁型钢管，焊接中要注意调节焊接机的电流强度，过强的电流最终会影响骨架的承载力。加工操作中，凡是有钢管被焊穿的地方应作必要的修补，否则不能作为合格产品出厂或进入安装现场。焊接作业完毕后，应对所有的焊点进行检查，主要检查是否有漏焊、虚焊或焊穿等焊接质量问题，同时应将焊接过程中形成的焊皮及时清理，为后续骨架的表面防腐创造条件。

（七）表面防腐处理

表面防腐处理是日光温室中较常使用的骨架防腐处理方法，直接影响骨架寿命和安全。在加工现场进行油漆表面防腐处理时，首先要将焊接骨架的表面处理干净，不得有锈迹斑点存在，这样才能保证油漆能够比较好地与基面结合。处理完基面后，至少要刷两道底漆，再刷面漆，每道漆之间应保证上一道漆必须干燥。刷漆的骨架在运输和安装过程中应尽量避免出现磕碰，保证漆面不受损伤。

（八）后墙的建造

选择土墙较为经济。土质以黏土或亚黏土为主要原料，掺10%～15%的细石灰及适量麦秆碎草，分层夯实，容重应不小于1 600kg/m^3。

（九）后屋面的建造

后屋面角度及后屋面厚度：温室采用短后坡，一般后屋坡长1.7～1.8m，后坡倾角为40°左右，后屋坡水平投影长度为1.2～1.5m，后屋面厚0.8m，用塑料膜包裹保温性能强的秸秆后填充，这样可增强密闭性，减少热传导。屋架安装后先建后屋面，先在后屋面铺设的塑料薄膜上面，将玉米秸或高粱秸或麦秆按东西向每两组相互重叠，上面一捆搭到外15cm处，下边一捆搭在后墙顶上，直至把全部屋面铺严，然后用碎草填平屋面，并用平锹将脊檩外侧秸秆拍齐。随后上一遍草泥，厚度2cm，稍干后将秸秆底部余下的塑料薄膜从脊檩处翻卷上来覆盖在草泥上，再抹第二遍草泥，厚度2cm。同时在后墙外侧垛起30～40cm厚的碎草，再上一层厚5～10cm的泥草。为防止土墙淋雨，沿墙顶从东到西覆盖石棉瓦，每块石棉瓦长约80cm，超出墙外30cm，石棉瓦要保持一定坡度，最后用潮湿泥土加适量石灰将后屋面打实整平，坡度上部稍大些，下部略平一些，以便作业人员行走。

（十）防寒沟的建造

日光温室设置防寒沟是防止土壤热量横向流失，提高室温的有效措施。在棚四周都要挖防寒沟，距离棚越近越好，但应注意棚的牢固性。防寒沟一般应挖深50cm以上，填入的材料应以干燥的麦秸为主，高出地面30cm，并形成一个斜面，上覆塑料薄膜，再用土压住踏实。

（十一）砖砌后墙的建造

1. 前接地 前接地基础采用 C20、370mm×300mm 混凝土现浇梁+预埋件。

2. 后保温墙 后保温墙采用内三七砖混墙和外三七砖混墙，后墙贴 100mm 厚的 EPS 保温板，在墙高 1m 处和 2m 处分别加入通风管道。

3. 后坡 ①后墙顶部 3 层砖混墙封顶。②后坡角钢 1 道，扁铁 3 道。③后坡保温层：在扁铁上铺设厚 100mm 强化 EPS 板，厚 50mm 现浇细石混凝土内配 φ6mm@150mm 双向钢筋网，最后作油毡防水。

4. 侧墙 侧墙基础与后墙完全一致；当侧墙做到与钢拱架弧形相同程度且低于拱架弧形 200mm 左右时，砌筑 2 层砖混墙封顶基础，再按照拱架弧形做 100mm 混凝土现浇面且与拱架外弧高度一致，原浆收面。

5. 工作间 工作间一般采用砖混二四墙结构，规格为3 000mm×3 000mm，顶部采用彩钢夹心板覆盖，设塑钢一门一窗，室内采用 10cm 厚混凝土现浇。

（十二）温室配套设备安装

（1）薄膜的安装需配套卡簧和卡槽，而且需用压膜线，可以有效避免薄膜的损坏。

（2）为了使卷膜器能延长寿命，应尽量保持在 70m 内使用。过长的情况需用多个卷膜器。

（3）对安装保温被的温室，需对骨架的安全进行校核，尤其注意冬季雪情预报后的问题。

（4）由于园区温室多样，须特别注意整体结构的安全。

四、环境平衡

（一）室内环境条件与露地环境条件的差异

日光温室是农业的一个传奇，是人为创造的有利于蔬菜作物反季节生产的小环境，在不适宜植物生长发育的严寒季节和恶劣的气候条件下进行作物栽培，由于受外界环境条件的制约，加之设施本身封闭性的特点，其生态环境条件已经不同于露地的环境条件。

1. 室内外温度差异大　气温常年高于露地，保温性能好的温室可四季生产；气温日变化规律与外界相同；晴天最低气温出现在揭苫后半小时，最高出现在12～14时；阴天昼夜温差小于晴天；气温在时间和空间上分布严重不均：白天气温上高下低，中部高四周低；夜间北高南低；地温相对稳定，变化幅度小，中部高四周低，南底角处地温最低。白天地温一般可比空气温度低5～8℃，10cm以下栽培基质温度更低，地温低是制约室内作物生长发育、产量效益的最主要因素之一。冬季会经常受到寒流、冰雪、大风、低温、甚至是长期阴冷等恶劣气候的影响，室内气温、地温经常骤然下降，大幅度降温会引起枝叶和根系生理性障碍现象频繁发生。

2. 光照强度降低，分布不均匀，差异显著　太阳光是一切作物进行光合作用、生产有机物质的能源，也是温室热量平衡之源。绿色作物要维持较高的光合效能，其光照强度应达到3万～6万lx。在冬季，太阳的辐射能量，不论是总辐射量，还是作物光合作用时能吸收的生理辐射量，都仅有夏季辐射量的70%左右，设施覆盖薄膜后，阳光的透光率为80%左右，薄膜吸尘、老化后，其透光率又会下降20%～40%。因此，设施内的太阳辐射量，仅有夏季自然光强的30%～40%（2万～4万lx）远远低于作物的光饱和点。倘若阴天，设施内光照强度几乎接近于作物的光补偿点。光照弱、光照时间短，是制约设施作物产量、效益的又一主要因素。一般情况下，温室的前部，采光面屋面角大，阳光入射率高，光照较为充足；中间部分，其光照强度可比前部低10%～20%；采光面的后部，屋面处最小，加之温室的后坡，后墙又遮挡了北部与上部散射光的射入，阳光入射量更低，光照强度仅有前部的60%～70%，如不加以调控，会造成作物严重减产。寒冷季节上述情况加剧，且由于保温覆盖，光照时数减少，极易成为生产的限制因子。

3. 气体交换性差　设施封闭性严密，室（棚）内外空气较少交流或不经常交流，通气不良，会诱发多种不良现象发生。

（1）设施内二氧化碳浓度日变化较大，尤其在冬季，早晨揭苫前通常可达 1 100～1 300mg/kg，而白天作物进行光合作用时，室内空气中的二氧化碳，很快被作物吸收，由于内外空气流通不便，二氧化碳气体不能及时补充，极易缺乏。缺少二氧化碳，会使光合效能急剧下降，其产品产量、品质都会受到严重影响。因此，是否能够及时补充并提高温室（大棚）内的二氧化碳气体含量，是温室栽培效益高低极为重要的因素。

（2）设施密闭，栽培基质呼吸作用及肥料分解发酵释放出的有害气体，特别是氨气、亚硝酸气体等不能及时排除。此类有害气体在温室内达到一定浓度后，就会对室内作物造成危害。

4. 室内外湿度差异大　由于温室内外空气交流少，空气不流通，基质蒸发的水分和作物叶片蒸腾排出的水分，都以水蒸气状态积累于室内的空气中，空气的绝对湿度和相对湿度均高于露地，这就为各种真菌、细菌、病毒等病害的侵染，提供了有利的生态环境，极易诱发病害，而且病害种类多，侵染速度快，发病频繁，防治困难。

5. 基质的更换　基质使用1～3 年后，各种病菌、作物根系分泌物和烂根等大量积累，物理性状变差，特别是有机残体为主体的基质，由于微生物的分解作用使得这些有机残体的纤维断裂，导致基质通气性下降，保水性过高，因而要更换基质。消毒方法多数不能彻底杀灭病菌和虫卵，更换基质更保险。旧基质要妥善处理，岩棉、陶粒等难分解基质可进行填埋处理，较易分解的基质如泥炭、蔗渣、木屑等，可经消毒处理后配以一定料的新材料后反复使用，也可施到农田中作为改良土壤之用。

（二）温室内温、光、水的环境调节

一切植物健壮地生长必须有着适宜的环境，气候环境主要包括光照、温度、水分、空气等，环境必须保持平衡。

1. 温度调控技术　温度是影响作物生长发育的环境条件之一。在园艺设施生产中很多情况下，温度条件是生产成功与否的最关键

因素。每种作物都有适宜的生长温度范围，在这个范围内温度越高，生长就越旺盛，光合作用与呼吸作用也就越旺盛。白天光合作用与呼吸作用同时进行，因此，在作物的适宜温度范围内，白天温度越高越好，而晚上只进行呼吸作用，温度越高，呼吸作用越强，消耗的有机物质就越多，而温度越低，呼吸作用越弱，消耗的有机物质就越少，因此在适宜温度范围内，晚上温度越低越好。这就是为什么昼夜温差越大（白天高、晚上低），农作物产量增高，品质提高的原理。

温室根据不同种植茬口的安排，在不同季节对温度的控制原则也不一样，所以，一些调控温度的措施也不一样。

对节能型日光温室来说，其主要热量来源是太阳辐射，热量支出途径有贯流放热、潜热消耗、换气放热和地中传热四种形式，基于此，对温度的控制主要有保温、加温和降温几个方面。

（1）保温技术

①温室内的温度表要正确吊挂。温度是管理的依据，温室内的温度表要正确吊挂。根据日光温室气流垂直和水平分布的特点，为了获得日光温室真实的温度，使温室合理管理，在温室中部后坡前檐下立一木桩，在木桩北面吊挂温度表，温度表的感应部分（水银或酒精球）离地面 1m 左右。比较好的做法是在感应部分以下的适当位置再固定一块横木板，这样可以阻隔土壤辐射的影响。同时，用木板把温度表与水泥柱隔离开。

②减少贯流放热。为了提高温室的保温能力，最有效的办法是多层覆盖，近年来主要采用室外盖膜、内铺膜、起垄种植再加盖草席、草毡子、纸被或棉被以及建挡风墙等方法来保温。在选用覆盖物时，要注意尽量选用导热率低的材料。其保温原理为：减少向温室内表面的对流传热和辐射传热；减少覆盖材料自身的传导散热；减少温室外表面向大气的对流传热和辐射传热；减少因覆盖面露风而引起的对流传热。室内保温措施效果小于室外保温，可采用活动保温幕、搭建小拱棚、棚室内吊挂防寒膜等方法。

③减少换气放热。尽可能减少温室缝隙；及时修补破损的棚

膜；在门外建造缓冲间，并随手关严房门。

④减少潜热消耗。采用全面地膜覆盖、膜下暗灌、滴灌来减少基质蒸发和作物蒸腾；增大保温比；适当降低设施的高度，缩小夜间保护设施的散热面积；均有利于提高设施内夜间的气温和地温。

⑤增大地表热流量。通过增大保护设施的透光率以及设置防寒沟等，增加地表热流量。

（2）加温技术　加温的方法有：酿热加温、电热加温、水热加温、汽暖加温、暖风加温、太阳能储存系统加温等，可根据作物种类、设施规模及类型选用。其中酿热加温利用的是酿热物（比如畜禽粪便、稻草等）发酵过程中产生的热量；太阳能加温系统是将棚内上部日照时出现的高温空气所截获的热能储存于地下以提高地温，当夜间气温低于地温时，储存在土壤中的能量可散发到空气中。通过运用太阳能储存系统，温室内可提高1～2℃。

（3）降温技术　当外界气温升高时，为缓和温室内气温继续升高对作物生长产生不利影响，需采取降温措施，目前，温室的降温主要有以下方式：

①换气降温。打开通风换气口或开启换气扇进行排气降温，在降低室温的同时，还可以排出湿气，补充二氧化碳。

②遮光降温。在夏季种植时，棚室内温度较高，为防止出现高温危害或减少高温对作物生长的影响，则要采取降温措施。目前应用比较广泛的是加盖遮阳网，有的则在棚膜上喷涂墨汁或泥浆，以减弱光照，降低棚室内温度，但喷涂泥浆或墨汁的做法适宜在越冬或早春茬作物生长至夏季，且棚膜在下一茬种植时不再使用时方能采取，否则，不能用此种方法。

③屋面洒水降温。在设备顶部设有孔管道，水分通过管道小孔喷于屋面，使屋面下冷却的空气向下对流，从而使得室内降温。

④屋内喷雾降温。一种是由温室侧底部向上喷雾；另一种是由温室上部向下喷雾，应根据作物的种类来选用。

2. 湿度调控技术　设施园艺内湿度过高是引起病害发生的原因。从环境调控观点来说，除湿的主要目的是防止作物沾湿和降低空气湿度，以抑制作物病害。除湿方法有被动除湿法和主动除湿法。

（1）被动除湿法　被动除湿法是利用水蒸气或雾自然流动，使设施内保持适宜的湿度环境。

①覆盖地膜。设施内覆盖地膜能抑制栽培基质表面蒸发，可有效降低设施内湿度。例如，大棚内地膜覆盖前，夜间湿度高达95%～100%，而覆盖后夜间湿度为75%～80%。

②适当抑制灌水量。采用滴灌或地中灌溉，既节约用水又可适当抑制基质表面蒸发和作物蒸腾，提高地温。应根据作物种类、发育阶段及需水时间的不同进行适量灌溉。

③使用透湿性、吸湿性良好的保温幕材料，防止在保温幕内部结露致使作物沾湿，或使覆盖材料内部的露水排出室外，降低设施内绝对湿度。

（2）主动除湿法

①通风换气。适当加强通风换气，可有效地调节设施内湿度，夜间通风可使设施内空气相对湿度由90%左右降至80%以下。降低的程度与设施内外的绝对温度差和换气次数成正比。

②加温。加温一般可降低设施内相对湿度，可有效防止一些喜高温环境的病害发生和蔓延。

③使用除湿机。国外在种植花卉和甜瓜等经济价值高的作物温室内，利用氧化钾等吸湿材料，通过吸湿机消除室内湿度，效果明显，但投资较大。

（3）基质湿度的调控　从设施园艺小气候的观点看，灌水的实质是满足作物对水、气、热条件的要求，调节三者的矛盾，促进作物生长。因为水的热容量比基质大2倍，比空气大3 000倍左右，所以灌水不仅可以调节基质湿度，也可以改变基质的热容量和保热性能。灌水后基质色泽变暗、温度降低，可增加净辐射收入，又因水蒸气潜热高，因而太阳辐射能用于乱流交换的能量就大大减少，致使白天灌水后地温、气温都降低，晚上灌水后地温、气温偏高。所以说，在设施园艺环境中，基质湿度的调控是重要的环节之一。

3. 光照调控技术 万物生长靠太阳，太阳光照是作物生长的必需条件之一。光照的强弱和光照时间的长短是决定作物生长速度和产量高低的因素。但是，并不是光照越强，光合作用就越高，在其他条件都满足的情况下，随着光照增强，光合作用增强，当光照达到一定光强后，由于其他条件的限制，光合作用的强度不再继续增加，此时达到了光饱和点。

（1）合理设计温室结构，提高透光率

①合理设计。施工前选择光照充足的建造场地。在选择合理的建造方位的基础上，设计适宜的屋面坡（弧）度：华北及辽南一些地区，最好以冬至日的太阳高度角为依据；东北地区最好以大寒前后太阳高度角为确定温室屋面角度的依据。此外，尽量减少温室棚面龙骨的数量和表面积；选用透光率高、防尘性能好、抗老化、无水滴的覆盖材料。

②保持覆盖材料表面干净。经常清扫覆盖物表面，减少灰尘污染，以增加透光率，提高棚内光照强度。

③减少覆盖物内表面结露。通过通风等措施减少覆盖膜内表面结露，防止光的折射，提高透光率。目前，我国已经研制出不易产生结露的无滴膜，生产时应作为首选材料。

④延长棚面光照时间。在保温前提下，尽可能早揭晚盖外保温和内保温覆盖物，增加光照时间。双层膜温室，可将内层改为能拉开的活动膜，以利于光照。即使是阴天也要拉开草苫。在阴天时，有些菜农只考虑到对温室保温，较长时间的黑暗条件会使作物的生理机能发生紊乱。实际上阴天是没有直射光，但却有散射光。在太阳的总辐射中，散射光同样也是光照的主要组成部分。因此，温室特别强调在阴天时也要揭开草苫，但要注意晚揭早盖，并进行通气排湿，不拉草苫常常会使蔬菜变黄。

⑤合理密植。合理安排种植行向，以减少作物间的遮阴，密度不可过大；否则，作物在设施内会因高温、弱光而徒长。作物行向以南北行向为好，没有“死阴影”。若是东西行，则行距要加大。日光温室的栽培床要南低北高，防止前后遮阴。

⑥选用耐弱光品种。温室栽培时应选用耐弱光品种，同时，加强植株管理，对于高秧作物，通过及时整枝、打杈、插架等措施以防止上下叶片互相遮阴，以改善棚内通风透光条件。

⑦采用地膜覆盖或挂反光幕（板）。地膜覆盖有利地下反光以增加植株下层光照。在温室内悬挂反光幕可使反光幕前光照增加40%～50%，有效范围达3m。

⑧定期清扫和擦拭棚膜，或棚膜上挂扫尘条。风吹时，扫尘条来回摆动，达到清洁棚膜的目的。

⑨利用有色膜改变光质。在光照充足的前提下，采用有色薄膜，人为创造某种光质，来满足某种作物或某个发育时期对该光质的需求，实现优质高产。例如紫色薄膜对菠菜有提高产量、推迟抽薹、延长上市时间的作用；黄色薄膜对黄瓜有明显的增产作用；而蓝色薄膜能提高香菜中维生素C的含量。

⑩草帘或保温被揭盖要随着季节变化而变化，摸清变化规律，灵活掌握应用。覆盖草帘的厚度、时期和每天揭苫时间，因季节、地区不同而不同。上午揭帘适宜时间以阳光照射前屋面，且拉开帘后室内气温不下降为宜。盖帘时间应根据温室保温性能和夜温下降规律而定，如果温室从盖帘开始到第二天揭帘时一夜温度下降为10℃，早晨揭帘时室内温度应保持在8～10℃。温室温度下降到17℃时，则应盖帘，盖帘后室内温度一般回升20℃左右，室内气温前半夜可保持在17～19℃，到早晨揭帘时室内温度可保持在8～10℃。

（2）遮光技术　温室遮光20%～40%能使室内温度下降2～4℃。初夏中午前后，光照过强，温度过高，超过作物光饱和点，对生育有影响时应进行遮光。遮光材料要求有一定的透光率、较高的反射率和较低的吸收率。一是覆盖各种遮阴覆盖物。覆盖物有遮阳网、苇帘、竹帘等。二是棚面涂白。将棚面涂成白色可遮光50%～55%，降低室温3.5～5.0℃。

（3）人工补光技术　补光主要用于育种、引种和育苗。冬季温室生产很需要补光，但因成本高，国内人工补光的光源是电光源。

对电光源有三点要求：一是要求有一定的强度。使墙面上光强在光补偿点以上和光饱和点以下。不同作物的光补偿点和光饱和点不同，所以，应用时要因作物而定。二是要求光照强度具有一定的可调性。三是要求有一定的光谱能量太阳光的连续光谱。可以模拟自然光照或采用类似作物生理辐射的光谱。

第二节　塑料大棚

塑料大棚由于各地用材不同，面积大小不等，有各种不同的结构。主要类型按其用材分，有纯竹结构、竹木结构、水泥结构、竹木钢架混合结构、钢筋结构、镀锌钢管结构等；按其形状分主要有半屋面式和拱形两种；按排列方式可分为单栋和连栋两种类型。通常把建地面积宽 6m 以上、长 30m 以上、高 1.8m 以上，四周无墙体设施的，称为塑料大棚；宽 6m 以内、高 1.5～1.8m，长度不等，四周无墙体设施的，称为塑料中棚；再小则为塑料小拱棚。以下介绍常用塑料大棚的结构、建造及特点。

以立柱作支撑和固定，用竹竿、竹片或小圆木作材料架设而成，这类大棚在北方地区较为常见。一般宽 8～12m，中心高 2～2.5m，长度依地而建，最长不超过 50m。中间设 3～6 排立柱，立柱横向间隔 2m 左右，纵向间隔 3～5m，靠最外边的两排立柱稍倾斜，以增强牢固性。棚顶和立柱间布置纵向拉杆，起固定和联结作用，使棚体不产生移位。大棚的拱杆设在两侧，离地 1.2m 左右收缩成半立状。适用于黑龙江等高纬度和高寒地区进行蔬菜育苗，以及果菜类春提早和秋延晚生产。

一、类型及其特点

在我国北方，大棚的应用比较普遍，多数是面积为 333.5～666.7m^2（0.5～1 亩*）的竹木骨架。钢管和钢筋骨架只占一小部

* 亩为非法定计量单位，15 亩＝1hm^2，余同。——编者注

分，目前，我国大棚的主要构型有以下五种。

（一）竹木拱架塑料大棚

结构：跨度12～14m，高2.6～2.7m，以3～6cm直径的竹竿为拱杆，每一拱杆由6根立柱支撑，拱杆间距1～1.1m，立柱用木杆或水泥预制柱。拱杆上盖薄膜，两拱杆间用8号铁丝作压膜线，两端固定在预埋的地锚上。

优点：建造简单，拱杆由多个立柱支撑，比较牢固，建造成本低，容易推广。

缺点：立柱较多，使棚内遮光面积大，作业不方便，强度普遍较差，不耐用。

适用地区及栽培季节：北方广大地区，春季果菜类早熟栽培或培育果菜类成苗，秋季果菜类延晚栽培。

（二）全钢筋混凝土塑料大棚

结构：用高标号碱性水泥或高效速凝水泥等材料，制成拱形预制件，拱杆中央有冷拔钢丝、玻璃纤维等材料，以加强力度（如GRC）。拱杆预制件为半弧形，靠大棚两侧离地1～1.2m处可出肩，上部为弧形，下部为直杆，中间对接处用螺杆固定，对接长度20～25cm。棚顶、棚肩处可拉2～3道纵向拉杆，以加大牢固程度。棚两头设内撑斜柱，防止大棚歪斜而降低受压强度。

优点：水泥棚比较牢固，造价比钢棚低得多，使用寿命10～15年。棚内可不设立柱，操作方便，抗压能力强。

缺点：拱杆粗大易遮光，拱杆表面粗糙，易磨损薄膜，棚体较重，搬迁麻烦。

（三）钢筋焊接钢拱架塑料大棚

结构：钢拱架塑料大棚是在竹木拱架塑料大棚的基础上发展起来的，由拱架、拉杆等组成，全棚无立柱。拱架由上弦杆、下弦杆及连接上、下弦杆的腹杆焊接而成。一般跨度为8～12m，高度为2.6～3m，长度为30～60m，拱架间距1～1.2m，纵向各拱架间用拉杆连接固定形成整体。拱架上覆盖塑料薄膜，拉紧后用8# 铁丝压膜，压膜线两端固定在地锚上。

优点：骨架坚固，制作工艺不复杂，只要保证焊接质量和构件的设计形状、尺寸，不需太多的设备；同时，这种大棚无立柱，棚内空间大，透光性好，作业方便，是性能比较好的设施。

缺点：拱架焊接点多，比较费工、费电，且需涂刷油漆防锈；或采用电镀锌防锈构件，比较麻烦；同时，这种结构耗钢量较大，有的可达 7.5kg/m^2 左右，造价比较高，但是如果维护得好，使用寿命可达 10 年以上。

（四）钢筋混凝土竹木混合拱架塑料大棚

结构：混合结构的塑料大棚是指混合使用水泥、钢材和竹木建材而建成的大棚，它比纯竹木结构的大棚坚固耐用，成本稍高，一般宽 10～14m，可用水泥做立柱，用角铁或角钢做拉杆，用竹子做拱杆，用铅丝压膜线压膜，建造时要注意立柱顶端要做成 Y 形缺口，以便架设拱杆，立柱上中部要预留孔眼或突起，供架设拉杆和固定拉杆之用，水泥立柱断面一般为 12cm×10cm，内有直径 6mm 的钢筋 4 根或用 8 号冷拔丝，以加大强度。

优点：比纯竹木结构的大棚坚固耐用。

缺点：成本稍高。

适用地区及栽培季节：北方广大地区果蔬类早熟栽培以及秋延后栽培。

（五）装配式镀锌薄壁钢管大棚

结构：跨度 6～8m，肩高 2.5～3m，长 30～50m 用 ∮ 22×（1.2～1.5）mm 薄壁钢管制作拱杆、拉杆、立杆（两端棚头用），钢管经热镀锌可使用 10 年以上。用卡具、套管连接棚杆组装成棚体，覆盖薄膜用卡膜槽固定。

优点：此种棚架属于定型产品，规格统一，组装拆卸方便，盖膜方便，棚内空间较大，无立柱，作业方便。

适用地区及栽培季节：适于春提早，秋延后栽培蔬菜和育苗，在长江沿岸及江南广大地区都适用。

二、建造技术要求

（一）场地的选择

要求光照充足、地势平坦、浇灌和排水方便。大棚的方向，通常采用南北向，如地块较小则应以地块的长度方向为棚的长向，这样做的目的是为了充分利用现有土地。但不管大棚的方向是南北向还是东西向，定植沟（或垄）都应开成南北向，这样利于植株均匀采光，使蔬菜生长一致。

（二）薄膜的选择

多使用高压低密度聚乙烯薄膜（简称 LDFE），这种薄膜具有透光性好、易与土壤紧贴、强度大、比重小、不易沾染尘土等优点，而且使用后容易冲洗保存，适合我国北方地区使用。

（三）扣膜的选择

无风或风小的天气进行。首先将薄膜沿纵向由两侧向中间卷起，把薄膜卷至棚顶后，分别向左右两侧放下，将膜的边缘埋入土中。在骨架拐弯处，最好用破布缠绕，以防撕破薄膜。在扣棚过程中，要注意防止机械或人为破损。塑料薄膜粘接是塑料棚建造的重要环节，粘接时，棚膜接缝处一定要保持干净。把两幅薄膜的边搭起来后，上面垫一层纸，下面垫一层纱网，然后用电熨斗（或电烙铁）在纸上熨烫。一定要掌握好熨烫的程度：熨过了，薄膜会化掉；熨不足，薄膜粘不住。若采用“四大块”或“两大块”扣棚时，两块薄膜应重叠 60～80cm。为了开闭方便，重叠部分的边沿应卷起来。扣棚后两端要设门。天窗和侧窗可随着天气转暖逐渐开设。

（四）注意事项

塑料大棚在施工时，如不按要求去做，往往会造成大棚倒塌及破损，因此，在建造时应注意以下几个问题。

（1）大棚的规格要适当，建造大棚时，要按照便于管理、大棚能够保持良好性能的原则定棚型、定规格。一般情况下，单栋大棚的面积为 1～2 亩。为了通风方便，中立柱的高度多为 1.8～3.0m。

棚的长度和宽度应相适应，因为对于同样面积的棚，如果增加它的长度，必然相对缩小它的宽度，结果造成大棚的周长加大，栽培在棚内边缘的作物增多，会给操作管理带来不便。

（2）要有牢固的地基。

（3）按规定的结构尺寸进行搭建塑料大棚时，要不断调整各部位的尺寸和形状。每安装完成几根立柱、拱杆和纵梁就要测量一次各部位的尺寸，发现问题，及时调整。

（4）使用过程中要注意检查，在大风、雨、雪天，如发现拱杆折断、薄膜损坏，应及时修补、粘接，以防裂口继续加大，对立柱、横梁等部位也应经常检查，发现问题及时处理。

三、塑料大棚的建造

（一）竹木拱架塑料大棚的建造

1. 场地选择 建造安装塑料大棚应选择符合标准化生产要求、避风向阳、地势平坦、灌溉方便、交通便利的地块。

（1）符合标准化生产要求，大棚基地必须符合无公害或绿色食品、有机食品的生产标准要求，避开土壤、水源、空气污染区，远离公路、工厂，防止汽车尾气、工业废气、废液、废渣、重金属及粉尘污染，以保障产品质量安全。

（2）避风向阳地势平坦开阔，地形空旷，塑料大棚的东、南、西 3 个方向没有高大树木、建筑物等遮阴，保证大棚具有充足的光照条件。避开风口、风道、风谷、山川，因为在这些地方修建大棚，不但会加大大棚的散热量，使棚内温度难以维持；而且极易遭受风害，造成棚膜破损，大棚北部如果没有山、丘陵作天然风障，最好栽培防风林或修建房屋以减轻风害。

（3）尽量选在地势平坦、落差较小的地块。否则，大棚建设前要对土地进行平整、填充，提高了大棚的造价成本。

（4）灌排方便“收多收少在于肥，有收无收在于水”。新建大棚的基地距水源要近，水质要好，供电要正常、排灌设施要齐全，以保证全天能灌能排。

（5）交通便利路网发达，交通便利，有利于产品运销和建立产地市场。新建大基地相对固定、使用时间较长，选好地块以后必须进行规划，尤其是面积较大、集中连片的大型基地，更要根据自然环境条件，对大棚的方向和布局，基地内的道路、沟渠、水池、电力、住房等设施要科学合理的统筹规划，才能开工建设，以保证土地的高效利用，生产管理的及时科学，实现高产、高效、优质的目标。

2. 大棚的方位与布局　塑料大棚的方位是指大棚的棚脊的走向，应结合本地纬度、地形条件及主风向综合考虑。在我国大部分纬度范围内，大棚的方位宜取南北延长，使大棚内各部位采光均匀。如果限于地形条件，必须取东西走向，则要充分考虑塑料大棚骨架遮阴对作物生长发育产生的影响。多个大棚通常呈对称式排列，相邻大棚纵向间距以 1.5～2m 为宜；每排大棚之间修机耕道，棚头间距不少于 4～5m。这种排列方式通风速度快，相互遮光少，保温效果佳，机械作业便利。在风大的地方，为避免道路变成风口，塑料大棚可呈交错式排列；棚头间距至少等于棚宽，以保证通风良好。

3. 埋立柱　原始型的竹木拱架大棚，纵向每隔 0.8～1.0m 设 1 根立柱，与拱杆间距一致；横向每隔 2m 左右设 1 根立柱，立柱的直径为 5～8cm，中间最高，一般 2.4～2.6m，向两侧逐渐变矮，形成自然拱形。立柱要尽量垂直，埋置深度为 50cm 左右，以防止大棚被风拔起或下沉。竹木拱架结构的大棚立柱较多，使大棚内遮阴面积大，作业也不方便，因此可采用“悬梁吊柱”形式，即将纵向立柱减少，而用固定在拉杆上的小悬柱、小吊柱代替。小悬柱的高度约 30cm，在拉杆上的间距为 0.8～1.0m，与拱杆间距一致，一般可使立柱减少 2/3，大大减少了立柱形成的阴影面积，有利于增强光照，同时也便于作业。在晚秋大地封冻前建造塑料大棚，首先丈量好建棚的场地，用绳拉出四边，然后用白石灰准确地画好埋立柱的位置。10～12m 宽的大棚，根据拱杆的强度，埋 6～8 排立柱，立柱纵向每行距离保持 1m 或 1.2m，使立柱横向成列，纵向成行。

立柱位置确定后，挖立柱坑，坑的上口直径为35cm，下口直径为25cm，坑深40cm。立柱选用无虫蛀的硬杂木，刮去树皮，立柱直径为6～7cm，长为2.6～2.8cm。埋立柱前，先把上端锯成三角形小豁口，豁口下钻眼。立柱下端钉1根长20cm的横木，然后涂上沥青防腐，立柱埋到坑里30～40cm，夯实立牢。地上部两根中柱最高，中柱和边柱依次降低15～20cm，边柱可直立，也可内倾斜成80°，但要用1根斜柱把边柱支上。边柱距地面高1.5～1.7m。埋立柱一定要纵横成行，规格一致。

4. 安拱杆 可用直径3～4cm的竹竿或宽约5cm、厚约1cm的毛竹片按照大棚跨度要求连接构架一道拱杆。将拱杆两端插入地中，其余部分横向固定在立柱顶端，成为拱形，通常每隔0.8～1.0m设一道拱杆。

5. 绑拉杆 通常用直径3～4m的细竹竿作为拉杆，拉杆长度与棚体长度一致。在距离立柱上端25～30m处，顺着棚的方向（纵向），用细木杆或竹等把各排立柱连接起来，用细铁丝拧牢。

6. 埋拉杆线基石 在大棚两侧，两排拱架之间，距离棚0.5m处，挖0.5m深的坑，埋入石头、砖或木棒，上面绑上1根8#铁线，铁线两端露在外面，把埋在土中的地锚夯实，留在外面的铁丝头将与压杆连接。

7. 棚膜选择及覆盖 棚膜可采用0.1～0.12mm厚的聚氯乙烯（PVC）或聚乙烯（PE）薄膜，以及0.08～0.1mm的乙烯-乙酸乙烯（EVA）多功能复合薄膜、聚氯乙烯长寿无滴膜和耐低温防老化膜。选择时应综合本地环境因素，充分考虑棚膜的透光性（表1-1）、防尘性、强度、耐候性、保温性，以及包括流滴性、耐寒性、黏合性等在内的其他特性。棚膜焊接用热黏接法，按棚的宽度量好棚膜。棚膜的总宽就是棚架的总长度（弧度长）再多出2m。棚膜焊接时，先搭一个宽4～5cm、长20～30m平滑的木板架，架上摆放棚膜，两张膜的接缝宽4～5cm，棚膜上垫1层牛皮纸，用电熨斗顺接缝压遍，速度要均匀，接缝宽窄要一致，使两张膜粘牢。扣棚前，棚的四周挖30cm深的沟，准备埋棚膜。扣棚应选无风天气，把粘好的棚膜卷起，要从棚的顺风一侧先扣，棚膜越过棚顶扣到另一侧棚膜边上里面卷一细木棍，棚的两侧用力拉紧，然后埋到四周的沟中，如遇刮风天，要边扣膜、边拉紧、边埋膜。埋膜时要先埋迎风面，后埋顺风面，最后埋棚的两头。

表 1-1　不同塑料薄膜在不同光波区的透光性

光波区域	透光性比较
紫外线区域（＜300nm）	PVC＜EVA＜PE
光合有效辐射区域（400～700nm）	PVC≈EVA＞PE
长波热辐射区域（＞700nm）	PVC＜EVA＜PE

8. 上压杆（压膜线）　压杆两端用铁丝与地锚相连，固定后埋入大棚两侧的土壤中，压杆可用光滑顺直细竹竿或专用的塑料压膜线，压膜线既柔韧又坚固，且不损坏棚膜，易于压平紧实。

9. 铁丝固定　铁丝型号为 $16^{\#}$、$18^{\#}$ 或 $20^{\#}$，用于捆绑连接固定压杆、拱杆和拉杆。

10. 安装门　在棚两端位于两排中柱之间，各安装一扇门。先割开装门的棚膜，装上门框和门。用黏合剂或木条把棚膜单独固定在门上，门的边缘棚膜也要钉牢封好，防止棚内进风鼓起棚膜。

（二）钢筋焊接钢拱架塑料大棚的建造

1. 拱架焊接　拱架是用钢筋、钢管或者两者结合焊接而成的弦形平面桁架。制作时先按设计在平台上制成模具，然后在平台上将上、下弦按模具弯成所需的拱形，然后焊接中间的腹杆。一般每隔 5～6m 配置一个三角形拱架，三角形拱架是由一根上弦杆、两根下弦杆焊成。三面为 3 个平面桁架。另外，在确定桁架长度过程中，会切割掉部分钢管或钢筋段，可以把其用在边相架的连接处。桁架在现场安装时，要注意同一桁架在一个平面上，并且前后桁架的位置要对齐。同时，桁架起吊点和人的着力点要力求均匀，防止吊装变形。纵梁（拉杆）是平面架，上弦为 8mm 的钢筋、下弦为 6mm 的钢筋焊接，上下距离为 20cm，纵梁焊在每个拱架上，使棚架连接成一体。

2. 大棚骨架焊接后的维护 钢拱架以纵拉杆进行整体加固后，涂一遍防腐漆或银粉，晾干后方可覆盖塑料棚膜。钢拱架使用期间，要定期进行防腐维护。

3. 地基及安装 在大棚钢拱架基点埋水泥柱子，长、宽均为30cm以上，深50cm以上，桩子上有2个钢筋铁片或1块带孔钢板，以便与拱架焊接，所有拱架的两个基点必须在一个平面上以保证受力均匀。大棚两端各埋4根水泥桩子，作为焊棚头立柱之用。大架焊接时，先把大棚两端和中部的3排拱架支起，底脚焊在水泥桩子上，然后将纵拉杆均匀分布焊在桁架下弦上，把骨架连成整体。

4. 其他技术 钢筋焊接钢拱架塑料大棚的扣膜及压膜方式与竹木拱架塑料大棚相同。大棚两端也分别设出入门，同时也设侧窗、甚至天窗通风。

（三）全钢筋混凝土拱架塑料大棚

钢筋混凝土拱架的两根底筋直径为5mm，顶筋直径为5mm，箍筋为直径4mm冷拢丝，拌料要填实填匀，边绕边搅拌。去膜后及时喷水，加强养护7d。取出露天堆放1个月，以备用。钢筋混凝土预测锚架在搬用过程中要平拿平放，用力要均匀，以防折断。安装首先要在拱架的顶部对应处开槽钻孔，以便用纵拉的钢筋或钢管固定拱架，并在两个固定孔的中间拉铁丝环，上膜后用来拴压膜线或铁丝。拱架全部立起后，在上部、中部和下部都各拉一条水平线，把所有的拱架都调整在同一个水平线上；上部骨架与纵拉杆用铁丝固定，下部用水泥砂浆浇筑固定，然后用已调直的直径为12～16mm的钢筋或分管与拱架的预留连接件焊接。纵拉杆的钢筋或钢管要与大棚端部立柱的预留件焊接牢固。

（四）钢筋混凝土竹木混合拱架塑料大棚

1. 预制主拱架，立柱钢筋混凝土弧形主拱架 跨度10m，弧长14.2m；制作时可从脊高处分成对称的两部分，便于制作和搬运；制作时在连接处预留螺丝孔，用夹板或重叠连接，地下深埋40cm。主拱截面为矩形，宽5cm、高13cm，配筋用8#冷拔钢筋

4 根，箍筋用 10# 冷拔丝，用 C25 混凝土浇筑。立柱长 3m，横断面 12cm×12cm，4 根 6# 钢筋做竖筋，间隔 10cm 用 10# 铁丝做筋，用 C20 混凝土浇筑；距顶部 10cm 处留一个 Φ15mm 的贯通孔。

2. 挖坑、立棚架和支柱　在选择好的地块沿南北方向挖两行坑，坑深 0.4m，两行坑间距 10m，东西对齐；立柱坑与对应的主拱架坑在一条线上，两立柱坑间距 4m，与主拱架坑间距各 3m，坑深 0.4m。每个坑的底部用三合土夯实。将预制作好的棚架放入挖好的坑内，第一个摆架要离地头或道路 2m，先将最北面和南面首尾棚架立起，棚架顶部和两侧要放线，确保顶部和两侧整齐一致，然后根据放线依次立起其他棚架，注意棚架入土 0.4m，保持棚架脊高 2.8m，并保持主拱架处于垂直状态。再将预制作好的立柱放入立柱坑内，水泥柱上有一排孔，安放时孔要朝南北方向，便于固定和作物吊蔓，拉线对齐，支柱要和棚架紧密接触，为此水泥柱可向东西倾斜 5°。如还有缝隙时用锤子打紧，最后用 12# 铁丝穿过水泥柱的孔和棚架固定，然后埋实。另外，南北两端边架各用 4 根水泥柱支撑，间距 2m，并在边架内侧各用 2 根顶柱斜顶在与棚内立柱对应的边立柱上。

3. 挖沟、安放地锚、拉钢绞线　在南北首尾棚架处沿东西向各挖 1 条沟，沟宽 0.8m、沟深 1.2m、沟长 8m，沟离首尾棚架 1.5m。用 12# 钢筋绑在大石块上做地锚，然后埋入沟中，南北两侧各需用地锚 12 个，每个地锚上拴两根钢绞，从两侧开始往膜上拉钢绞线，24 根 12# 铜丝以南北方向搭在棚架上，并将其与地锚连接固定，用线机绞紧，每道钢丝和棚架交处都用 12# 铁丝固定。棚内立柱南北方向上各拉一道铁丝，铁丝穿过水泥立柱上的孔，用于蔬菜吊蔓。

4. 编竹竿网　每两个主拱架之间要绑 5 道竹竿作为副拱架，5m 竹竿需 15 根，竹竿与钢绞线之间用废布条或细铁丝固定，竹竿的头尾都要插到钢丝下，避免划破棚膜。

5. 挖压膜线、地锚坑　每两个棚架之间的东西两侧距离棚架底边 10cm 处各挖 6 个坑，坑深 40cm、坑距 1m，用 12# 铁丝绑两块砖做好地锚，并埋好。

6. 覆盖棚膜、固定压膜线 一般两侧放风，采用3块厚度8～14丝（0.08～0.14mm）棚膜（PE或EVA），宽度分别为10m、2m、2m，其中2m膜的一侧要做双层边穿入12[#]钢丝或压膜线。覆膜在无风的早晨进行，先把10m塑料棚膜铺在棚架顶端，2m膜固定在两侧，2m膜塑料下边埋入土中20cm，将10m塑料棚膜南北两端卷上竹竿拉紧后埋入土中；10m膜在外，2m膜在内，压幅40cm左右，用10m膜压住2m膜，有利于排水抗风。棚膜上好后，用压膜线将棚膜压紧并固定在东西两侧的地锚上，压膜线可以用钢丝芯的压膜线，也可采用耐高温塑料绳。为了抗大风，可用竹竿缠布条后与梁固定，把膜压紧。

（五）装配式镀锌钢管塑料大棚的建造

1. 地址选择 装配式镀锌钢管塑料大棚应建在地下水位较低、灌溉方便、地势平坦的地块；大棚一般要求为南北走向，排风口设在东西两侧，一是降低了棚内湿度；二是减少了内搭架栽培作物、高作物间的相互遮阴，使之受光均匀；三是避免了大棚在冬季进行通风（降温）换气操作时，降温过快及北风的侵入，同时增加了换气量。

2. 大棚的规格 装配式镀锌钢管塑料大棚的规格，主要考虑大棚在抗风、雨、雪的前提下，增加棚内的通风透光量，并且考虑到了土地利用率的提高与作物栽培的适宜环境。一个标准的装配式镀锌钢管塑料大棚跨度为8～8.5m，长度为40～60m，拱架间距为0.6～1m，棚内面积为320～510m^2。

3. 大骨架的安装

（1）拱架安装 拱架采用镀锌半圆拱钢管，8～10m宽，大棚单根拱架长6m，直径为22～26mm，壁厚12mm以上。为便于运输，拱架多采用现场加工，加工设备可根据所需弧形和肩高，通过角铁焊接而成。安装时先在拱架一头30cm处，统一标记插入泥土的深度，然后沿大棚两侧拉线，间隔60～90cm用直径28～32m的钢针或电钻打一深30cm的洞孔，洞孔外斜5°，最后将拱架插入洞孔内，用眉形弯头连接拱架顶端即可。安装时，要求拱架插入深度和左右间距一致，以保证大棚顶斜面和左右侧面平整。

（2）拉杆安装　拉杆也称纵拉杆、横拉杆或顶部拉杆梁。一个大棚1道顶梁、2道侧梁，风口等特殊位置需要加装2道拉杆，共安装5道拉杆。拉杆单根长5m，60m长的大棚，5道拉杆需要拉杆60根。连接拉杆时，先将其缩头插入大头，然后用螺杆插入孔眼并铆紧，以防止拉杆脱离或旋转。安装拉杆时，用压顶簧卡住拉杆，压着拱架，使拉杆与拱架成垂直连接、相互牵牢，拉杆的始末两端装塑料管头护套，防止拉杆连接脱落和端头戳破棚膜。另外，拉杆安装时，先安装顶部拉杆，并进行第一次调整，使棚架顶部和腰部达到平直；再安装侧部拉杆，并进行第二次、第三次调整，使腰部和顶部更加平直，如果整体平整度有变形，局部变形较大应重新拆装，要求每道拉杆平顺笔直，两侧拉杆间距一致，拱架上下间距一致，拉杆与拱架的几个连接点形成的一个平面应与地面垂直。

（3）斜撑杆安装　拉杆安装完后，在棚头两侧用斜撑杆将5个拱架用U形卡连接起来，拱架受力后向一侧倾倒。斜撑杆斜着紧靠在横架里面，呈“八”字形。棚长在50m以内时，每个大棚至少安装4根斜撑杆；棚长超过50m时，长度每增加10m需要加装4根。斜撑杆上端在侧拉杆处与大棚门架连接，下端在第5根拱架入土位置，用U形卡锁紧，中部用U形卡锁在第2～4根拱架上。

（4）卡槽安装　卡槽又称固膜卡槽、压膜槽，安装在拱架外面，分为上下2行，上行距地面高1.5m，下行距地面高0.6～0.8m；安装时校正拱架间距，用卡槽固定器逐根卡在拱架上固定，卡槽头用夹箍连接在门拱或立柱上；卡槽单根长3m，用卡槽连接片连接。安装前先在拱架上做出标记或拉上细绳子，这样安装的卡槽才会纵向平直、高低一致，不会歪斜。

（5）棚门安装　棚门作为出入通道和通风口，一般安装在塑料大棚靠近道路侧的棚头中部。可以安装1扇或2扇门，竖4根或6根棚头立柱，其中2根为门柱，其余的为边柱，起加固作用。立柱要垂直插入土中，上端抵达门拱，用夹箍固定。大棚门高1.7～

1.8m，门框宽0.8～1.0m，门上安装有卡槽。棚门用门座安装在门柱上，高度不低于棚内畦面。门锁安装时铁柄在门外，铁片朝内。

（6）棚膜安装　覆盖棚膜前要细心检查拱架和卡槽的平整度。装配式镀锌钢管大棚塑料薄膜宽12m，棚膜幅宽不足时需黏合。黏合时可用黏膜机或电熨斗进行，一般PVC膜黏合温度为130℃，EVA及PE膜黏合温度为110℃，接缝宽4cm。黏合前需分清膜的正反面；黏合要均匀，接缝要牢固而平展。裙膜宽度为0.6～1.0m。覆盖棚膜要选无风的晴天，并分清棚膜正反面。上膜时将薄膜铺展在大棚一侧或一头，然后向另一侧或一头拉直绷紧，并依次固定于卡槽内，两头棚膜上部卡在卡槽内，下部埋于土中。

（7）通风口安装　通风口设在拱架两侧底边处，宽度一般为0.8～1.0m。选用卷膜器卷膜通风时，将卷膜器安装在棚膜的下端，向上摇动卷轴通风。安装卷轴时，用卡箍将棚膜下端固定于卷轴上，每隔80cm卡1个卡箍，摇动卷膜器摇把，可直接卷放通风口大棚两侧底通风口下，卡槽内安装40～60cm高的挡风膜。

（8）防虫网安装　在通风口及棚门位置安装防虫网。安装防虫网时，截取与大棚等长的防虫网，宽度为1m；防虫网上下两边固定于卡槽内，两端固定在大棚两端卡槽上。

小结

对所种蔬菜温室类型的正确选择是种好蔬菜的重要前提，所以在蔬菜种植开始之前了解相关设施的类型及其特点很有必要，选择适合的栽种设施就代表着种植成功了一半。本章主要介绍了设施的类型，其中主要围绕着日光温室的主要类型及其建造和塑料大棚的主要类型及其建造。其内容主要是关于日光温室的类型及其优缺点、建造方法和建造所需要注意的问题，让读者对日光温室有进一步的了解，对日光温室的选择也有初步的认识；另外一部分内容是关于塑料大棚的主要类型及各种塑料大棚的结构特点、优缺点的介绍及塑料大棚的主要类型的建造及建造时该注意的内容。让读者认识到各种类型的塑料大棚及其特点，对塑料大棚有了进一步的认识，为以后种植蔬菜选择塑料大棚奠定了基础。

思考题

1. 简述日光温室的结构。

2. 日光温室主要有哪些类型？其优势有哪些？

3. 日光温室的温、光、水环境有什么特点？如何对日光温室的温、光、水环境进行调节和控制？

4. 塑料大棚主要有哪些类型？各有什么不足？

5. 塑料大棚的主要建造过程是什么？

6. 简述竹木拱架塑料大棚的建造过程。

第二章　黄瓜基础知识

第一节　植物学特性与生长发育周期

黄瓜属葫芦科，葫芦属，也称王瓜、胡瓜、青瓜，原产于喜马拉雅山南麓、印度北部至尼泊尔的热带雨林地区，分两路传入我国：一路，原产地→东南亚→中国南部，形成华南型黄瓜；另一路，原产地→丝绸之路→中国北方，形成华北型黄瓜。中国的黄瓜栽培始于2 000年前的汉代。20世纪60年代有了小拱棚覆盖栽培；到70年代发展为塑料大棚栽培；进入20世纪80年代中期，发展为高效节能日光温室栽培，现已实现了周年生产。

黄瓜不仅是我国北方蔬菜中主要的蔬菜之一，也是保护地栽培中最主要蔬菜之一。目前，我国塑料温室和大棚栽培的黄瓜均各占其总面积的70%以上。

黄瓜多以嫩果供食，其营养丰富，味道清香，可鲜食和凉拌，还可炒食或加工盐渍、糖渍、酱渍等。黄瓜富含蛋白质、钙、磷、铁、钾、胡萝卜素、维生素 B_2、维生素C、维生素E及烟酸等营养素。黄瓜所含的丙醇二酸，有抑制糖类物质在机体内转化为脂肪的作用，因而肥胖症、高脂血症、高血压、冠心病患者，常吃黄瓜既可减肥、降血脂、降血压，又可使体形健美。黄瓜汁有美容皮肤的作用，还可防治皮肤色素沉着。黄瓜果柄部的苦味中富含葫芦素C，具有抗癌作用。黄瓜所含的钾盐十分丰富，具有加速血液新陈代谢、排泄体内多余盐分的作用，故肾炎、膀胱炎患者生食黄瓜，对身体康复有良好的效果。黄瓜性凉，患慢性支气管炎、结肠炎、胃溃疡病等虚寒者宜少食为妥。

一、黄瓜的植物学特性

（一）根

黄瓜的根由主根、侧根、须根和不定根组成。黄瓜根系是浅根系，主根又称初生根，它是种子萌发后由胚根发育而来的。在基质深厚、结构良好、有机质丰富的条件下，主根入土较深，垂直向下生长可达 80～100cm；侧根又叫次生根，在主根上发生，在侧根上还发生一级侧根。80％以上的侧根主要分布于基质下 20～25cm 的基质层中，且以水平分布为主，横向生长半径为 30～40cm，呈圆锥状分布。黄瓜的上胚轴培土之后可分生不定根。

黄瓜的根系浅生性与其好气性和好湿性有关系，黄瓜根系好气性较强，抗旱力、吸肥力均比较弱，故在栽培中要求定植要浅，基质要求肥沃疏松，并保持基质湿润，干旱时注意灌水。黄瓜根系的形成层（维管束鞘）木栓化发生得早而快。因此黄瓜幼苗应适时移栽，或采用穴盘无土育苗措施。10d 的苗龄，不带基质移栽也能成活；30～50d 的苗龄带基质坨、纸袋不伤根，也能成活，若根系老化后或断根，很难再生出新根。所以在育苗时，苗龄不宜过长。黄瓜对氧气要求严格，喜湿怕涝、耐旱能力差，喜肥而吸收能力差，不耐低温又怕高温，栽培过程中注意保护根系，保持基质疏松，或在定植后培土，可诱发不定根扩大黄瓜种群，这也是黄瓜栽培生产的一项有效措施。

（二）茎

黄瓜的茎为攀缘性蔓生茎，苗期节间短，髓腔小，故可以保持直立。但随着植株的生长，节间明显加长，茎部开始匍匐生长或借助卷须攀缘生长，茎一般长达 2～2.5m，最长达 7～8m 以上，茎粗约 1cm，中空，5 棱，生有刚毛，抗风能力差。其茎有卷须，可缠绕，有主蔓和侧蔓之分，一般春季栽培的品种及早熟品种均以主蔓结瓜为主，分枝较少；秋季品种及中晚熟品种侧蔓较多，主侧蔓均可结瓜。茎蔓长度会因栽培品种和栽培模式不同而有差异，中晚熟的半夏黄瓜和秋黄瓜类型一般茎蔓长可达 5m 以上；早熟春黄瓜类型一般茎蔓较短，一般茎蔓长 1.5～3m。长蔓品种一般侧枝较多，甚至有第二分枝；短蔓品种一般不发生侧枝。长出 6～7 片叶后节间伸长、生长迅速，不能直立生长，需要用支架或吊蔓，以使茎蔓向空间发展。茎的粗细、颜色深浅和刚毛强度是植株长势强弱和产量高低的标志之一。茎蔓细弱、刚毛不发达，则表明植株长势弱，很难获得高产；茎蔓过分粗壮，属于营养过旺，会影响结果率。一般茎粗 0.6～1.2cm，节间长 5～9cm 为宜。从第三片真叶展开后每节都发生不分枝的卷须，只要环境适宜，其茎可无限生长，茎基部近地面处有形成不定根的能力，幼苗产生不定根能力最强，多数品种的分枝能力弱，有些晚熟品种侧枝较多，需进行植株调整。

（三）叶

黄瓜叶为五角星型，叶有子叶与真叶两种。黄瓜的子叶两片对生，呈长圆形或椭圆形，子叶瓣状，是黄瓜生长发育初期养分积累的重要器官。子叶大小、形状、颜色与环境条件有直接关系。在发芽期可以根据子叶来诊断苗床的温、光、水、气、肥等条件是否适宜。其真叶呈掌状全缘，为单叶互生掌状五角形，长有刺毛，叶缘有缺刻，叶面积较大，叶片长宽一般在 10～30cm，其大小与品种、着生节位和栽培条件有关，呈浅裂锯齿状。其叶片是光合器官，叶片最大限度接受光照，减少相互阻挡，同时保持适时夜温，使白天的光合产物及时输送出去，可最大限度发挥叶片制造养分的能力。黄瓜之所以不抗旱，不仅因为根浅吸水能力差，而且也与叶面积大、蒸腾系数高有密切关系。其单叶面积大，一般约 400cm^2，大者可达 600cm^2，叶薄且柔嫩，叶片和叶柄上有刺毛，蒸腾作用强。就一片叶而言，未展开时呼吸作用旺盛，光合成酶的活性弱；从叶片展开起，净同化率逐渐增加，展开约 10d 后发展到叶面积最大的壮龄叶，净同化率最高，呼吸作用最低。壮龄叶是光合作用的中心叶，应格外用心加以保护。叶片达到壮龄后净同化率逐渐减少，直到光合作用制造的养分不够呼吸消耗，应及时摘除，以减轻壮龄时的负担。叶的形状、大小、厚薄、颜色、缺刻深浅、刺毛强度和叶柄长短，虽会因品种而有差异，但更多的是受栽培条件和管理水平的影响，例如水分过大、夜温过高、放风差时，形成的叶片大而薄，叶柄细而长，叶色黄绿，属于徒长型叶，这种叶型的植株光合产物少，化瓜严重，大大影响黄瓜的产量。叶腋着生侧枝、卷须和花器官，卷须在自然生长状态下起攀缘作用，但在设施栽培时往往将卷须掐去以减少营养消耗。

（四）花

黄瓜的花有 3 种类型，即雌花、雄花和完全花，黄瓜的花均为腋生，其花生于腋叶，一般雄花比雌花出现早。黄瓜雌雄花发生情况，主要受品种和气候条件的影响。早熟品种雌花节位低，晚熟品种雌花节位高；在较低温和较短日照下，容易形成雌花；而在较高温和较长日照下，则易形成雄花；上部比下部容易发生雌花，侧枝比主枝容易发生雌花。黄瓜为虫媒花，依靠昆虫传粉受精；异花授粉，自然杂交率可达 53%～76%。因此在留种时，不同品种之间应自然隔离 4～5km。花萼绿色有刺毛，花冠为黄色，花萼与花冠均为钟状 5 裂。雌花为合生雌蕊，在子房下位，一般有 3 个心室，也有 4～5 个心室，侧膜胎座，花柱短，柱头 3 裂。雌花着身节位的高低，即出现早晚，是鉴别熟性的一个重要标志。根据黄瓜植株上花的着生状况可将其分为 7 种株型：①完全花株。植株上着生的花全部为完全花。②雌性株。植株上着生的花全部为雌花。③雄性株。植株上着生的花全部为雄花，且雄花多群生于叶腋，雌花也有群生的，但多数为单生。④雌雄同株。植株上同时着生雌花和雄花，一般雄花多于雌花，为正常株型，黄瓜基本属于雌雄同株异花，偶尔有两性花，但会发育成畸形果。还有同一株均为雌花的，这种只有雌花的植株可以正常结实，具有单性结实特性。植株上只有雌花而无雄花的为雌性型。⑤雌全同株。植株上着生的花为雌花和完全花。⑥雄全同株。植株上着生的花为雄花和完全花。⑦雌雄全同株型。植株上着生的花包括雌花、雄花和完全花。黄瓜一般情况下雌花单生（北欧温室型黄瓜一节可着生 2～3 朵雌花），也有双生、三生。通常雌花出现早晚、雌雄花的比例，品种间是否有差异，主要是受环境影响，磷充足、夜温低、短日照、高 CO_2 浓度环境对雌花有利。

（五）果实

果实为瓠果，植物学上称作假果。是子房下陷于花托之中，由子房、花托共同发育而来，果实通常为筒型或长棒形。果色有绿色、绿白、深绿、浅绿、黄绿甚至白色等，果面光滑或有棱、瘤、刺，刺色有黑、褐、白等。老熟果黄白色至棕褐色，有时果面具有裂纹。黄瓜有单性结实能力，即不授粉时也能正常结果，这一特性对保护地反季节栽培有利，原因是黄瓜子房中生长素含量较高，能控制自身养分分配所致，但授粉能提高结实率和促进果实发育，所以在阴雨季节和保护地栽培时，人工授粉可以提高产量。黄瓜果实生长受环境影响，若条件不适，营养不良会形成大肚、长把、尖嘴、弯曲、留肩等畸形果，还会出现苦味瓜现象。栽培过程中，在氮肥过多、水分不足、低温、日照不良、生长发育初期或后期营养不足、植株营养发育不良时，很容易产生苦味，黄瓜最容易出现苦味的位置，一般是在果梗靠近果肩的部分。

（六）种子

种子扁平呈长椭圆形，种皮多白色，有的黄白色，由种皮、种胚及子叶等组成，表面光滑。种子无明显休眠期，一般一个果实含有 100～300 粒种子，种子千粒重 22～42g，种子发芽年限 4～5 年，但 1～2 年的种子成活率高，种子在采后约有数周休眠期。种子着生在种子腔旁侧的胎座上。近果顶的种子发育早、成熟快，近果柄的则较迟。长果形品种的瓜仅近果顶的 1/3 部分才能有饱满种子；而短果形品种，种子大部分都能在果实成熟时饱满。生产上多为第一年采种、第二年在相应季节播种，效果较好。黄瓜新、旧种子的鉴别方法：新的黄瓜种子表皮有光泽，乳白色或白色，种仁含油分、有香味，尖端的毛刺（即种子与胎座连接处）较尖，将手插入种子袋内，抽出手时手上往往挂有种子。陈旧黄瓜种子，表皮无光泽，常有黄斑，顶端的毛刺钝而脆，用手插入种子袋再抽出手时种子往往不挂在手上。播种前最好先做种子发芽试验，以此鉴定种子质量。

二、黄瓜的生长发育周期

黄瓜的生长发育过程是指从种子发芽至新种子形成的过程，可分为 4 个时期；发芽期、幼苗期、抽蔓期和开花结果期。

（一）发芽期

从种子萌动至子叶完全展开为发芽期，一般为 5～10d。种子的大小及储藏物质的性质和多少，对发芽质量和幼苗素质有很大的影响，所以要重视选用充分发育的、饱满的种子，同时在播种后创造适宜的湿度、温度和通气等条件，以提高发芽质量和幼苗素质。育苗时通常通过配制专门营养土，保证育苗基质具有良好的保水、透气性，同时通过采用电热温床，遮阳网覆盖等方式保证苗床温度在黄瓜适宜的温度范围内，促进发芽，以提高幼苗质量。

（二）幼苗期

从子叶完全展开到 4～5 片真叶出现为幼苗期，条件适宜约需 20～40d。黄瓜的幼苗期通常为 30～40d，已进行了根、茎、叶、花的分化过程，对整个生长期黄瓜产量和品质的影响很大。因此，在栽培中应该创造适宜的温度、水肥条件，促控结合，培育适龄壮苗。

（三）抽蔓期

从 4～5 片真叶展开到根瓜坐住为抽蔓期，也称甩蔓期、始花期，20d 左右。当根瓜的瓜把由黄绿变成深绿，俗称“黑把”时，标志抽蔓期结束。抽蔓期是以茎叶生长为主，其次是花芽继续分化，花数继续增加，直立生长转变为蔓性生长，营养生长开始向生殖生长进行过渡。栽培中既要促进根系生长，使根系活力增强，又要扩大叶面积，确保花芽数量和质量，保证坐果，防止落花。在抽蔓后期应适当控制水肥，适当抑制营养生长是管理关键。

（四）结瓜期

从根瓜坐住到拉秧为止为结瓜期。进入结瓜期后，植株的叶、卷须、侧枝、雄花、雌花陆续生长，叶片的面积达到最大，茎蔓生长的速度也是最快。雌花开花后，幼瓜迅速生长，最大日生长量可达到4～5cm，瓜的横径最大日生长量在0.4～0.5cm。瓜条的发育速度与品种特性、环境条件、管理状况有关。对一株黄瓜而言，根瓜生长慢，腰瓜生长较快，而顶瓜、回头瓜的长短差异很大。

结瓜期黄瓜连续不断地开花结瓜，根系、主蔓及侧枝连续生长，营养生长和生殖生长同时进行，二者基本保持相对平衡，但经过人工打顶、去侧枝等植株调节后，则以开花结果为主，而根系、主蔓及侧枝的生长受到严重抑制。结瓜期的长短直接关系到产量的高低，栽培上应加强水分、养分（包括 CO_2 气肥）、温度、光照管理，防止病虫害发生蔓延，尽量延长结瓜期。

第二节　黄瓜对环境条件的要求

一、温度条件

黄瓜喜温但不耐高温。植株生育温度范围是10～30℃，最适温度范围为18～32℃，昼温25～32℃，夜温15～18℃为最佳。光合作用最适温度为25～30℃。黄瓜不同生育时期对温度的要求不同。45℃时叶片褪绿，超过46℃时，黄瓜植株出现高温障碍，顶端枯萎，叶片黄化。温度低至10～13℃能引起生理紊乱，4℃时受冷害，0℃及以下则导致冻害。不同生长时期的适宜温度不同，种子发芽的适宜温度为27～29℃，发芽所需要的最低温度为12.7℃，低于20℃发芽缓慢，高于35℃时发芽率降低；幼苗期日温22～25℃，夜温15～18℃，地温18～20℃；定植期适温白天25～28℃，地温18～20℃（最低限15℃），夜间前半夜15℃，后半夜12～13℃，长期夜温高于18～20℃，地温高于23℃时，根系生长受抑制，生长不良；开花结果期日温25～29℃，夜温18～22℃。温度过高或过低都影响植株的生长发育，高于35℃时生理失调，易形成苦味瓜。

（一）有效积温

有效积温，是作物在某个生育期或全部生育期内有效温度的总和，即作物在某一阶时间内日平均气温与生物学零度之差的总和，是反映生物生长发育对热量的需求或衡量地区热量资源的指标。黄瓜完成某一生育阶段需要一定的有效积温。生育期不同，需要的有效积温不同（表 2－1）。

表 2－1　黄瓜不同生育期的有效积温

<table>
<tr><th colspan="2">生育时期</th><th>天数
(d)</th><th>适宜温度
(℃)</th><th>有效积温
(℃・d)</th><th>备注</th></tr>
<tr><td colspan="2">发芽期</td><td>10～13</td><td>12～30</td><td>210～270</td><td>—</td></tr>
<tr><td colspan="2">幼苗期</td><td>20～30</td><td>15～25</td><td>370～380</td><td>—</td></tr>
<tr><td colspan="2">抽蔓期</td><td>15～20</td><td>14～24</td><td>280～380</td><td>—</td></tr>
<tr><td rowspan="3">结果期</td><td>前期</td><td>10～12</td><td>15～24</td><td>190～230</td><td>坐瓜至收根瓜</td></tr>
<tr><td>结主蔓瓜期</td><td>30～40</td><td>15～30</td><td>670～900</td><td>收腰瓜、顶瓜</td></tr>
<tr><td>结回头瓜期</td><td>30～90</td><td>16～30</td><td>690～2 070</td><td>包括分枝瓜</td></tr>
<tr><td colspan="2">末期</td><td>10～15</td><td>18～25</td><td>200～240</td><td>—</td></tr>
<tr><td colspan="2">共计</td><td>125～210</td><td>12～30</td><td>2 610～5 600</td><td>—</td></tr>
</table>

（二）地温

黄瓜对地温反应敏感，根部生长适温 20～25℃，最低 15℃，最高 32～35℃。地温过高，根的呼吸消耗加快，直至停止生长。根毛发生的最低温度 12～14℃，地温低于 12℃时根毛不能发生，影响吸水吸肥，地上部分不生长，叶色变黄；根毛发生的最高温度为 38℃。地温和气温都偏低情况下，以提高地温为宜；气温高于适宜气温时，地温低一些为宜。但在高气温和地温过低情况下，根系不生长，甚至出现“沤根”和“花打顶”现象。

（三）气温

黄瓜生长发育的适宜温度范围是 18～32℃，同时温室具有良好的保温蓄热作用，因此就要在特殊时期做好一定的防护工作。炎热的夏季，太阳辐射经透明覆盖物进入温室后引起室内温度急剧升高，温室大棚封闭环境无法与外界发生快速热交换，即产生所谓的温室效应。黄瓜不耐高温，长期处于此环境中则影响其正常生长，严重时威胁产量。另外，在春季还应注意防范棚温逆转危害，提前多层覆盖，避免黄瓜移栽后遭遇冷害。

二、光照条件

黄瓜属于短日照蔬菜，对日照长短的要求因生态型不同而异。一般来说，华南型、南亚型品种要求短日照条件才能正常开花；而华北型品种，对日照的要求不严格，基本上成为中光性蔬菜，但8～11h的短日照条件才能促进雌花的分化和形成。

黄瓜为喜光蔬菜。光照充足时，同化作用旺盛，产量和品质都可以提高；若长期光照不足，同化作用下降，产量和品质都将降低。其光饱和点是55～60klx，光补偿点1.5～2.0klx，适宜光照为20～60klx。20klx以下，植株生长缓慢，所以提高光照强度有利于光合速率提高。日光温室蔬菜栽培，应注意改善光照，且因日照长短对生态环境不同而有差异。

三、水分条件

黄瓜根系浅，叶片大，吸收能力弱而蒸腾水分多，因此黄瓜喜湿、怕涝、不耐旱，对基质湿度和空气要求都比较严格。黄瓜适宜的基质湿度以70%～80%为宜。适宜空气湿度70%～90%，但长期高湿会导致病害发生，严重影响产量和品质。理想的空气湿度应该是：苗期低，成株高，夜间低，白天高，低到60%～70%，高到80%～90%。所以在棚内阴雨天以及刚浇水后，空气湿度大，应及时通风排湿。

黄瓜在不同生育阶段对水分的要求不同，播种要求水分充足，但也要保证一定的通气性，以防烂种；幼苗期水分不宜过多，以防寒根、徒长和病害发生，但也不宜过分控制，否则易形成老化苗；初花期对水分要控制，防止地上部徒长，促进根系发育，建立具有生产能力的同化体系，为结果期打下好基础；结果期营养生长和生殖生长同步进行，叶面积逐渐扩大，叶片数不断增加，果实发育快，对水分要求多，必须供给充足的水分才能获得高产。

四、气体条件

（一）O_2

黄瓜根系呼吸强度大，要求基质含氧量较高。黄瓜适宜的基质含氧量为15%～20%，而基质中氧气的含量受基质通气性的影响很大，因此，在黄瓜生长中必须注意基质中含氧量的调节。

（二）CO_2

空气中 CO_2 常规含量为0.03%，而黄瓜的光合作用在一般温度、湿度及光照条件下，空气中 CO_2 含量在0.05%～0.1%的范围内，光合强度随二氧化碳浓度的升高而升高，即有利于提高光合速率。因此设施栽培环境条件下，为提高黄瓜产量，在生产中广泛推广应用了 CO_2 施肥技术，将 CO_2 浓度提高到0.1%，黄瓜可增产10%～20%。

黄瓜生长适宜 CO_2 浓度为1 000～1 500μL/L，低于500μL/L，其产量受影响。一天内 CO_2 浓度变化大，下午 CO_2 浓度一般低于500μL/L。若在大量施用有机肥的温室内，草苫打开时 CO_2 浓度可达1 500μL/L，制定相应措施，可提高黄瓜产量。当 CO_2 不足时，施 CO_2 肥可提高产量。

五、基质条件

理想的园艺基质为：容重0.15～0.8g/cm^3，总孔隙度70%～90%，通气孔隙15%～30%，持水孔隙40%～75%，EC值0.75～3.5mS/cm，pH为5.8～7.0，CEC大于6cmol/kg。黄瓜根系喜肥又不耐肥，应选择富含有机质、透气性良好的肥沃基质进行栽培。黄瓜对基质酸碱度的适应范围比较广，在pH 5.6～7.6范围内均能适应，但基质中性偏酸为好，以pH 6.5最为适宜。若pH 4.3以下则枯死。黄瓜的耐盐性较差，适宜的基质电导率（EC值）在营养液栽培时为2.0～2.5mS/cm。黄瓜不同的生育时期吸肥量和吸肥种类有很大差别，幼苗期吸肥量很少，结瓜期吸肥量占整个生育期的60%以上。

六、矿物质营养

黄瓜的生长发育除了需要氮、磷、钾三大元素外，还需要钙、镁、硫、铁、锌、硼等多种元素，并且各种元素之间保持适当的比例条件下，才能正常生长发育。各种元素缺少、过多、或比例失调都可导致各种生理病害发生。

氮、磷、钾三元素的吸收量以钾最多，每生产 500kg 黄瓜，大约需要氮 14kg、磷 4.5kg、钾 19.5kg。不同生育期对矿物质营养的要求有所不同，幼苗期磷肥的效果特别明显，应该注意磷肥的使用，如可以用磷肥作种肥或叶面喷施磷酸二氢钾。抽蔓期吸肥量比较少，采收后吸肥量开始不断增加，到采收盛期以后吸肥增加明显。所以应在采收后开始追肥，并且逐渐增加施肥量和施肥次数。

不同矿物质营养对黄瓜生育的作用不同。氮是组成蛋白质和叶绿素的主要物质，氮素有利于雌花形成，对根、茎、叶、果实的生长作用也很大。黄瓜喜硝态氮，铵态氮多时，根系活动减弱，从而影响吸水，同化作用降低。磷是构成细胞核蛋白的一种主要成分，和细胞分裂、增殖、花芽分化、花器形成和果实膨大等有直接关系。磷肥在生育初期吸收量较高。磷肥的利用率低，一般只能利用施肥量的 10%左右，所以应该施用吸收量的 10～20 倍才能保证植株需要。钾能促进碳水化合物、蛋白质等物质的合成、转化和运输，在生长旺盛的部位都有大量钾存在，钾能增强植株的抗病性和抗逆性，还有促进子粒饱满和早熟的作用。钾肥的吸收和磷肥相反，在生育后期是钾的吸收盛期。

目前生产上多注重氮、磷肥的施用，钾的施用开始受到重视，微量元素往往被忽视。微量元素缺乏在新菜田往往不突出，但在连续种植的基质，或由于微量元素缺乏，或因为矿质营养之间失衡，就很容易出现缺素现象。缺素症有时也会在新建温室里发生，这通常是在过量施用某一种或某些化肥时，由于离子的拮抗或互协作用使黄瓜吸收某种营养元素受阻的结果。所以在黄瓜生产中，特别在连茬种植黄瓜的地块上，应在施用氮、磷、钾肥的同时，还应注重微量元素肥料的施用。

第三节　设施黄瓜栽培的茬口安排

一、黄瓜茬口安排的原则

（一）根据市场供求情况安排茬口

安排作物的茬口时应有超前意识，不仅要看当时蔬菜市场的需求情况，还要看今后一段时间全国蔬菜大市场的发展趋势。蔬菜需求的均衡性是蔬菜商品的另外一个突出特点。因此，露地栽培和设施栽培的各种茬口要合理搭配、相互衔接，实现均衡生产和供应，避免上市空挡和高峰重叠带来的价格大起大落。

（二）根据设施结构性能安排茬口

生产上应根据所建设施在当地所能创造的温光条件来安排种植作物的茬口。塑料大棚和普通日光温室可以安排在早春、晚秋进行提早、延后超时令栽培，高效节能温室和加温温室可以安排在冬春季节反季节栽培。

（三）因地制宜实行产业化生产布局

蔬菜生产相对集中连片，向产业化发展，这样不仅有利于提高技术水平，而且产品上市集中、批量大，容易形成商品优势，建立稳定可靠的销售渠道。

二、日光温室黄瓜茬口安排

日光温室黄瓜栽培茬口一般有早春茬、冬春茬和秋冬茬。秋冬茬一般在7月下旬育苗，苗龄25d；冬春茬一般9月育苗，国庆节前后定植，苗期40d左右，12月中旬上市；早春茬于12月下旬育苗，苗期40d左右，2月上旬定植，4月中旬上市。

1. 冬春茬　黄瓜上市期比大棚黄瓜上市期提早45～60d左右。一般12月下旬至1月上旬播种，2月上旬定植，3月上中旬开始采收，7月上旬拉秧。

2. 秋冬茬 栽培的目的在于延长供应期，解决深秋、初冬淡季问题，比大棚秋延后黄瓜供应期长30～45d，是衔接大棚秋延后和日光温室冬春茬黄瓜生产的茬口。一般8月下旬至9月上旬播种，9月下旬定植，10月中旬开始采收，新年前后拉秧。

3. 越冬茬（长季节栽培） 秋末冬初（9月下旬至10月上旬）播种育苗，幼苗期在秋冬度过，初花期处在严冬季节，12月开始采收上市，采收期跨越冬、春、夏3个季节，收获期长达180～200d，整个生育期长达8个月以上的茬口安排，叫做黄瓜长季节栽培或越冬茬栽培，是北方地区日光温室栽培面积较大，技术难度大，也是效益最高的茬口，大型连栋温室也有此茬口类型。

三、塑料大棚茬口安排

大棚栽培主要以春提早为主，其次是秋延后。

（一）春提早黄瓜

栽培目的在于提早供应，解决春淡问题。大棚黄瓜春提早栽培在华北地区一般在1月下旬至2月上旬，于温室播种育苗，3月中旬定植，4月中旬至7月下旬供应市场，供应期可比露地提早1个月左右。长江流域一般初冬播种育苗，第二年2月中下旬至3月上旬定植，4月中下旬开始采收，6月上旬至7月下旬开始拉秧。

（二）秋延后黄瓜

栽培目的在于延后供应，解决秋淡问题。供应期比露地黄瓜延长30d左右。大棚黄瓜秋延后栽培，华北地区一般是7月上中旬至8月上旬播种，7月下旬至8月下旬定植，9月上旬至10月下旬供应市场，一般供应期可比露地延后30d左右。在长江流域亚热地气候区和华南热带气候区，此茬口类型苗期多在炎热多雨的7、8月，因气候相对较高、梅雨较多等特点，一般采用“遮阳网＋防雨棚”育苗，定植前期进行防雨遮阳栽培，采收期延迟到12月至翌年1月。

表 2-2　华北地区设施黄瓜栽培茬口安排

栽培形式	播种期	定植期	收获期	备注
大棚春提早	1月下旬至2月上旬	3月中下旬	4月中旬至7月上旬	早期多层覆盖
大棚秋延迟	7月下旬	8月中旬	9月下旬至11月中旬	后期多层覆盖
秋冬茬	8月中旬	9月上旬	10月下旬至1月上旬	日光温室
日光温室越冬茬（长季节栽培）	9月下旬	11月上旬	1月上旬至6月中旬	嫁接育苗，日光温室
冬春茬	12月上中旬	1月下旬至2月中旬	3月下旬至6月下旬	日光温室

小结

本章主要讲述黄瓜的生物学特性、黄瓜对环境条件的要求。黄瓜属葫芦科，葫芦属，也称王瓜、胡瓜、青瓜。原产于喜马拉雅山南麓、印度北部至尼泊尔的热带雨林地区，黄瓜是我国北方蔬菜中主要的一种，也是保护地栽培中最主要的蔬菜之一。目前，我国塑料温室和大棚栽培的黄瓜均各占其总面积的70%以上。

黄瓜的生长发育过程是指从种子发芽至新种子形成的过程，可分为4个时期；发芽期、幼苗期、抽蔓期和开花结果期。

黄瓜对环境的要求极严，黄瓜属于喜温性植物，既不耐寒又怕高温。植株生育温度范围是10～30℃，最适温度范围为18～32℃，昼温25～32℃，夜温15～18℃为最佳。黄瓜为喜光蔬菜，光照充足时，同化作用旺盛，产量和品质都可以提高；若长期光照不足，同化作用下降，产量和品质都将降低。黄瓜根系浅，叶片大，吸收能力弱而蒸腾水分多，因此黄瓜喜湿、怕涝、不耐旱，对基质湿度和空气要求都比较严格。黄瓜的生长发育除了需要氮、磷、钾三大元素外，还需要钙、镁、硫、铁、锌、硼等多种元素，并且各种元素之间保持适当的比例条件下，才能正常生长发育。各种元素缺少、过多、或比例失调都可导致各种生理病害发生。

塑料大棚茬口有：大棚栽培主要以春提早为主，一般在1月下旬至2月上旬，于温室播种育苗，3月中旬定植，4月中旬至7月下旬供应市场；其次是秋延后，华北地区一般是7月上中旬至8月上旬播种，7月下旬至8月下旬定植，9月上旬至10月下旬供应市场，一般供应期可比露地延后30d左右。

日光温室茬口有：①冬春茬。冬春茬黄瓜上市期比大棚黄瓜上市期提早45～60d左右。一般12月下旬至1月上旬播种，2月上旬定植，3月上中旬开始采收，7月上旬拉秧。②秋冬茬。栽培的目的在于延长供应期，解决深秋、初冬淡季问题，比大棚秋延后黄瓜供应期长30～45d，一般8月下旬至9月上旬播种，9月下旬定植，10月中旬开始采收，新年前后拉秧。③越冬茬（长季节栽培）。秋末冬初（9月下旬至10月上旬）播种育苗，幼苗期在秋冬度过，初花期处在严冬季节，12月开始采收上市，采收期跨越冬、春、夏3个季节，收获期长达180～200d。

思考题

1. 简述黄瓜的生物学特性。
2. 简述黄瓜生长发育周期。
3. 试述黄瓜对环境条件的要求。

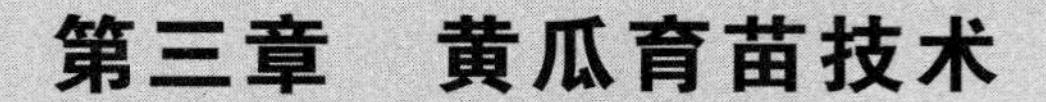

第三章　黄瓜育苗技术

第一节　黄瓜的品种类型

黄瓜栽培地域广泛，几乎世界各地均有栽培且栽培历史悠久，三千多年前在西亚地区就开始黄瓜栽培。由于不同地区的生态环境条件不同，加之经受自然和人工选择的影响，形成了许多品种类型。黄瓜在我国的栽培历史也十分悠久，南城北乡，普遍栽培，品种繁多，分类方法多不一致。

一、黄瓜品种的分类

黄瓜品种资源极为丰富，可从不同角度进行分类。

（一）按生态学分类

可分为华北型和华南型两大类型。

1. 华北型　这类黄瓜植株长势中等，喜基质湿润、天气晴朗的自然条件，对日照长短的反应不敏感。嫩果棍棒状，绿色，瘤密，名白刺；熟果黄白色，无网纹。代表品种有长春密刺、农城3号、西农58、津研系统、鲁春32等。

2. 华南型　植株基叶较繁茂，耐湿热，为短日照植物。果实较小，瘤稀，多黑刺。嫩果绿白、黄白，味淡；熟果黄褐色，有网纹。代表品种有昆明早黄瓜、上海杨行、早青2号、夏青4号等。

（二）按栽培季节分类

可分为春黄瓜类型、夏黄瓜类型及秋黄瓜类型。

1. 春黄瓜类型　该类型一般雌花节位低，节成性强，耐弱光及耐低温性较强，早熟性好。品种有长春密刺、中农 5 号、农城 3 号、碧春、828 黄瓜、津杂 1 号、津杂 2 号等。

2. 夏黄瓜类型　该类型一般生长势强，耐热抗病。多为中熟品种，春夏秋均能正常结果。品种有津研 1 号、津研 4 号、津研 5 号、津研 6 号、西农 58、丝瓜青、夏丰 1 号等。

3. 秋黄瓜类型　该类型抗病、耐热一般，在长日照和高温下能正常结瓜，适于秋季栽培。春季虽可栽培，但较晚熟，产量低。主要品种有津研 2 号、津研 7 号、西农棒槌秋、秋棚 1 号、秋棚 2 号、津杂 3 号等。

二、黄瓜品种选择的原则

（一）注意无土栽培的季节茬口与栽培模式

黄瓜品种选用，与所用的栽培设施和季节茬口要相适应。特别注意其对温度、光照和湿度环境的要求。黄瓜喜温不耐高温，且不同生育时期对温度的要求不同，所以应该严格调控不同生育时期的温度，可以采用温度四段管理。

黄瓜对日照长度要求因生态环境不同而有差异。一般华南系品种对短日照较为敏感，而华北系品种对日照长短要求不严格，但大多数品种 8～11h 的短日照能促进雌花形成。

黄瓜根系浅、叶片大、消耗水分多，故喜湿不耐旱，但长期高湿易导致病害发生。黄瓜不同生长发育阶段需水量不同。结果期生殖生长和营养生长同步进行，因此必须满足水分供应以防出现畸形瓜或化瓜。

（二）充分考虑品种本身特点

黄瓜品种选择抗病、优质、丰产、商品性好、适合市场需求的品种。要特别注意抗病性所选用的品种应对黄瓜霜霉病、灰霉病和白粉病等主要病害具有较强的抗性或耐性，在枯萎病发生严重地区，可采用嫁接育苗。

（三）黄瓜品种选择应注意的问题

有机黄瓜无土栽培的品种，除常见的常规品种、杂交品种外，可以选择使用自然突变材料选育形成的品种。禁止使用转基因黄瓜品种。

三、黄瓜种子的质量要求

种子是最基本的生产资料，是获取丰产丰收的关键之一。选择一个好的优良品种是生产者最实际的愿望。选用黄瓜品种时需要注意以下几个问题：①品种要与自身的栽培条件符合，包括栽培方式、栽培茬次的气候变化规律、地理条件和生产水平等相适应。比如用于棚室早春栽培的品种应既耐低温弱光，又能耐高温高湿，在低温和高温下都能正常生长和结瓜。②品种的产品性状如瓜长、颜色、棱瘤、刺的有无、刺的多少、刺的颜色等都要符合主销往地的消费习惯。③在选择品种时既要重视产量高，又要注重品质好，这样才能适应市场发展的需求。④既要保持种植品种的相对稳定，又要不断更新。稳定生产是因为弄清楚一个品种的栽培规律很不容易，频繁地更换品种就很难熟悉和掌握它的栽培规律，但也不能因此而抱残守缺，那样就会跟不上市场发展的需要，白白失掉致富的机会。比较好的方法就是种一个品种、试几个品种，叫做“吃着碗里的，看着锅里的”，有把握时，再不失时机地用满意和熟悉的品种进行替换。⑤为避免因种子问题蒙受损失，特别是种植规模较大的农户，最好是较早地准备好种子，也可以用少量的种子进行试种，减少损失。

第二节　育苗技术要点

育苗是能打破气候条件制约，实现提早栽培的技术手段。近些年，随着大型的工厂化苗场逐渐兴起，其设施完备，技术先进，培育的苗健壮、整齐，有取代一家一户育苗的趋势。当前来看，我国设施黄瓜育苗方式，主要分为现代化的工厂化育苗与传统的营养钵育苗两种方式。有句俗话叫“苗壮五成收”，培育适龄的黄瓜壮苗是栽培成功的关键步骤之一。因此，培育壮苗尤为重要，主要体现在以下几个方面：

①可在一个较小可控的空间进行管理。育苗面积小，管理集中，省工、省时、省药，可以在人工控制下创造一个比较优越的环境条件，培育出整齐一致的壮苗。

②可以为黄瓜生长赢得时间。露地春茬黄瓜生产如果直播则需要在晚霜结束后进行，这时播种的黄瓜结瓜后不久即进入炎热多雨时节，不仅病虫害严重，高温强光也会影响黄瓜的正常生长，产量受到了严重的限制。如果育苗移栽，生长期最少提早 20～30d，可以在高温多雨到来之前得到采收。又如春用型日光温室冬春茬黄瓜，在温室里修建苗床，就可以在 12 月末到元月初播种育苗，正好避开了 1 月的低温、低光照时期，到 2 月上中旬定植可以比直播的提早上市 30d 左右，亩产值可增加 3 000 元以上。

③可以大大节约种子和费用。栽培面积相同时，育苗可比直播节省种子 1/2～2/3。目前大量使用杂交种，尤其使用进口种子时，节约种子和种子费用对大多数农户来说，就显得更为重要和可观。另外，育苗还为排开播种、均衡生产、提高土地利用率和增加复种指数创造了条件。

一、育苗前准备与基质选择

育苗前首先要准备好育苗场所，建好苗床或准备好育苗钵，使育苗场所温度、光照等条件能满足育苗要求。在低温季节育苗一般应有保温、加温设施；在高温季节育苗一般要有遮阳、降温及防雨设施等。

黄瓜育苗基质材料有珍珠岩、蛭石、草炭、泥炭、炉灰渣、沙子、炭化稻壳和玉米芯、花生壳、发酵锯木屑、甘蔗渣、栽培食用菌废料、岩棉。这些材料可以单独使用，也可以几种一起混合使用。黄瓜育苗除采用上述基质外，还可以外加少量的化肥、杀菌剂及杀虫剂。

在配制基质时应该具备以下条件：营养成分齐全并且各种组分比例适合。大量元素和微量元素之间比例、基质的酸碱度适宜，一般 pH 在 5.5～7.2 之间较为合适。基质的可溶性盐，决定了根系周围的盐浓度，不要使用可溶性盐含量高的基质成分，因为基质是局限在一定体积的穴盘内，肥料中的离子和灌溉用水中的离子会聚集起来，就会让溶液中的可溶性盐含量达到一个很高的值，不利于植物生长，所以基质的可溶性盐含量一定要控制好。此外，基质还要达到结构良好，透气性、保水性适中，基质尽量减少病害和虫害，这样培育出的黄瓜苗才能达到优质。

育苗基质应具有优良的理化特性，疏松透气，保水保肥，化学性质稳定，呈微酸性，不带病菌、虫卵、杂草种子以及对秧苗有害的物质。由于穴盘内基质用量很少，易干燥或缺肥，因此一般都混以堆肥、缓效性肥料或培养土等，以促进根系发育，保证秧苗生长所需营养，减少移栽时伤根。黄瓜育苗专用基质常用草炭、蛭石、珍珠岩按照 3∶1∶1 的比例混合进行配制，也可以用已准备好的食用菌废料、玉米芯、木屑等代替草炭。每立方米的基质加入 50% 的多菌灵可湿性粉剂和福美双可湿性粉剂 100g 消毒，以防止苗期病害。专用基质大多由厂家生产，成本较高，但其通透性好、密度小，适合用于穴盘育苗，其育苗效率高、质量好、方便运输，在市场中普遍运用。

二、穴盘育苗

穴盘育苗技术是采用草炭、蛭石等轻基质材料做育苗基质，以不同规格的塑料穴盘为育苗容器，机械化精量播种，一穴一粒，一次性成苗的现代化育苗技术。穴盘育苗是欧美国家 20 世纪 70 年代兴起的一项新育苗技术，目前已成为许多国家专业化商品苗生产的主要方式。

穴盘育苗一般采用 72 孔或 50 孔穴盘进行育苗。穴盘形状主要有方形和圆形两种，方形穴盘基质容量一般比圆形多 30% 左右，水分分布较均匀，种苗根系发育更加充分。育苗穴盘的颜色会影响幼苗根部的温度，白色聚苯泡沫盘反光性较好，用于夏季和秋季提早育苗，可减少幼苗根部热量积聚；而冬季和春季育苗选择黑色穴盘，因其吸光性好，对幼苗根系发育有利。穴盘育苗单位植株的营养面积较小，生长后期秧苗互相遮光，容易徒长，所以一般苗期较短，多在苗龄期较短的情况下采用。同时，穴盘育苗具有易于移动、省工、方便管理等优点，在集约化育苗中被普遍采用。普通田土用于穴盘育苗，起苗时容易伤根，所以穴盘育苗基质多选用专用基质。

黄瓜穴盘育苗的优点：①节省种子用量，降低生产成本。②出苗整齐，保持种苗生长的一致性。③能与各种手动及自动播种机配套使用，便于集中管理，工作效率高。④移栽时不损伤根系，缓苗迅速，成活率高。穴盘育苗是现代园艺最根本的一项变革，为快捷和大批量生产提供了保证。

（一）种子消毒

黄瓜的许多的病害如炭疽病、细菌性角斑病等都是由种子带菌传播的，所以催芽或播种前进行消毒是非常重要的。种子消毒方法有：烫种和浸种。烫种是为了杀死潜伏在种子表面和内部的病原菌，同时还会增强种皮的透水性；药剂消毒处理为了杀灭附着在种子上的病原菌，目前主要使用的药剂有高锰酸钾、多菌灵、甲醛等，种子消毒所采用的药剂根据作物种类和消毒的目的进行选择，并且应严格掌握消毒时间，以免损伤种子活力；种子干热处理是将干燥的种子放在70℃的干燥箱中处理2～3d，可将种子上的病菌杀死，还可以增强种子活力，促进种子萌发整齐一致。

（二）催芽

将消毒后的种子用清水清洗后放到温度为28～30℃的清水中浸种4～6h，淘洗干净后用湿毛巾包上，放在无光、通气、温度为26～28℃的环境下催芽。一般24～36h后，芽长可达1～2mm，此时结束催芽。最后将所有穴盘叠放在催芽车上放入催芽室或温室中进行催芽。催芽时温度控制在白天27～32℃，夜间17～20℃。当种子开始拱土时，温度平均降低2～3℃，以防发生徒长。催芽环境湿度是先高后低，一般控制在80%～100%。催芽过程中需严格注意环境湿度，及时补充水分，保持四周和地面湿润。

（三）播种

芽长 1～2mm 时开始播种。播种应选天气晴好时进行，阴雪、寒流天气温度低，易造成种芽腐烂。穴盘播种时每穴孔播 1 粒种子，种子平放，覆盖珍珠岩或蛭石，并将其刮平。注意压穴深度，否则容易出现“戴帽出苗”现象。覆盖完后将所有穴盘集中浇水直至基质湿透，以穴盘底部小孔基质全湿润但没有水渗出为宜。当发现有苗拱出时，及时将育苗盘放到苗床上培养。播种前要浇足底水，以浇透苗床又无积水为标准，播种后苗床温度控制在 26～30℃，促进出苗。水量过多，形成低温、高湿条件，容易烂种和引发猝倒病；水量不足，种芽易抽干萎蔫而不易出芽。出苗后要保证光照充足，遇到阴雨天气要及时补光。出苗后要控制好温度，尤其夜间温度不宜过高，要保持在 10～15℃最为合适。较大的间距、光照充足和低温可能促进胚轴粗壮，利于嫁接并且提高成活率。

黄瓜育苗时经常出现“戴帽出苗”现象，戴帽易形成弱苗，影响秧苗质量。黄瓜苗子冒出基质后子叶上的种皮不脱落，俗称戴帽。秧苗子叶期的光合作用主要是由子叶来进行的，秧苗戴帽使子叶被种皮包住不能张开，因而会直接影响子叶的光合作用，还能使子叶受伤，造成幼苗生长不良或形成弱苗，这样的秧苗定植后对后期植株的生长发育也有影响。

苗子戴帽是由多种原因造成的，如种皮干燥，所盖基质太干燥，致使种皮容易变干；播种太浅或覆盖的基质太薄造成基质挤压力不够；苗床基质温度偏低，出苗时间延长；出苗后过早揭掉覆盖物或在晴天揭膜，致使种皮在脱落前已经变干；种子秕瘪，生活力弱等。

（四）苗期管理

1. 出苗期管理　从播种到幼苗冒出基质的时期为出苗期。这一时期育苗的中心任务是促使种子迅速萌发，提高种子发芽率和出苗率，使出苗整齐、均匀、生长健壮。此期要求基质水分充足，通气良好和较高温度。在基质浇透了水，所覆基质厚薄适宜和松软透气的条件下，这一阶段的管理重点是管好温度，温度管理应掌握昼间稍高，夜间稍低。若发现基质表面有裂缝或冒出的苗有“戴帽”现象时，可撒盖湿润的基质填补裂缝，增加基质表面湿润度和压力，以助子叶脱壳。

2. 幼苗期管理 从幼苗冒出基质后到幼苗出圃结束为幼苗期。此期幼苗的真叶逐渐形成并开始生长，管理应以促、控结合，促进幼苗地上部和根系的生长，以促进幼苗的健壮生长，管理上要适当控水、控温、增加光照，防止幼苗徒长。

（1）通风控温 80%幼苗冒出基质后就要开始通风，白天温度控制在25℃左右，夜晚10～15℃，基质温度保持18～22℃。

（2）争取光照 出苗后温室草苫要尽量早揭晚盖，及时清洁棚膜。有条件的在阴雨天可用灯光补光。在育苗后期，应进行匀苗，拉大苗距，增加幼苗光照，防止徒长。

（3）片土保墒 出苗后要及时向幼苗根部撒过筛基质，促进不定根发生。同时，片土可减少苗床水分蒸发，降低湿度，提高基质温度。片土应在叶片露水消失后进行，以免沾污叶面。片土不宜过厚。

（4）适当控水 浇水不可过度，要求见干见湿，增大浇水量，减少浇水次数。

（5）苗病防治 冬春茬黄瓜苗期病害比较严重，不仅有侵染性病害，还有生理性病害。侵染性病害主要有猝倒病、炭疽病、黑星病等。这些病的发生都与苗床湿度大、温度低和基质自带菌有关。猝倒病有时会在连阴天或连晴天，突然使秧苗暴露在强光下而大面积发生。苗床防病的首要任务是搞好种子消毒、基质消毒及苗床温度和水分调节。基质消毒剂目前主要使用“绿京1号”，一般配成3 000倍液，用于喷洒基质消毒，也可以使用土菌消或恶霉灵等。出苗后，定期喷洒敌克松、甲基硫菌灵、菜病果、双效灵等，可有效地控制侵染性病害发生和蔓延。

生理性病害和生长异常主要有戴帽、根不深扎、新根不发、沤根和生理性枯干等。这些生理性病害和生长异常的原因，大多和苗床基质温度低有关，所以必须想方设法提高苗床基质温度才可避免和消除。当然也有与苗床基质水分过大、紧实和掺有未腐熟的或过量施用速效肥料等有关，这要具体分析，采取相应措施克服。

另外，苗期喷用“天达 2116”“叶肥 1 号”、植物多效生长素、保得土壤接种剂、蔬菜灵、细胞分裂素等，可以促进秧苗早发，对抗病、防病和抗寒等也有一定作用。

（6）关于乙烯利处理问题　黄瓜正常播种育苗时，正值低温短日照，特别是夜温低，雌花分化早而多，不必用乙烯利处理。但如果播种过晚，定植后温度高，或栽培者又想晚中求早，一味用肥水来促，已经或有可能造成秧苗徒长时，也可以用乙烯利进行处理。

第三节　嫁接技术

嫁接，是无性繁殖中营养生殖的一种。嫁接时应当使接穗与砧木的形成层紧密结合，以确保接穗成活。接上去的枝或芽，叫做接穗；被接的植物体，叫做砧木或台木。嫁接时，使两个切口的形成层靠近并扎紧在一起，因细胞增生，彼此愈合成为维管组织连接在一起的一个整体。这就是嫁接的原理。

一、认识嫁接

（一）嫁接育苗的目的和意义

1. 防止土传病害、黄瓜枯萎病、疫病等病害　土传病害可造成黄瓜死秧，导致减产，甚至绝收，对黄瓜生产危害十分严重。这些病害具有较强的专一性，很多南瓜品种就对其免疫，可以利用这些南瓜品种作为黄瓜砧木进行嫁接育苗。从黄瓜嫁接的效果看，嫁接后的黄瓜可抑制枯萎病的发生。

2. 增强黄瓜抗逆性　黄瓜用的南瓜砧木根系强大、长势强。用其嫁接后，植株表现出对低温或高温、干旱或潮湿、强光或弱光、盐碱土或酸土等的适应性增强，具有更好的抗逆性。这种抗逆性的提高，也起到克服棚室连作障碍的作用，这一点对于周年栽培黄瓜的棚室意义更大。

3. 增加产量 与自根苗相比，嫁接后的黄瓜生产能力明显增强，通常表现为结果早、结果期长，产量增加明显，一般可增产20%以上。在连作棚室、低温季节增产更为明显，可增产30%～50%。

4. 提高黄瓜对肥水的利用率 与自根苗比，嫁接苗根系强大，吸收能力强，特别是对土壤深层的肥水利用率高。

5. 有益于培育壮苗 嫁接苗抗性强，嫁接后的幼苗根系发达、叶面积大、不易徒长。

6. 改进品质 营养品质：黄瓜嫁接后果实可溶性固形物增加、总糖增加、维生素C增加；外观品质：嫁接后果肉增厚、心室变小；同时一些砧木嫁接后可去掉黄瓜蜡粉，增加果实光泽度。

（二）嫁接育苗注意事项

嫁接苗是把接穗与砧木结合成为一个完整的复合体，因此要求接合部要达到完全愈合，植株体外观完整，内部组织连接紧密，器官联通良好，养分、水分输导无碍。为此从嫁接到栽培都要严格按照技术要求进行操作。

1. 嫁接作业场所 嫁接操作需要有适宜的环境条件，首先要不受阳光直射，少与外界接触，气温保持在20～24℃，相对湿度80%以上，而且嫁接场所须保持清洁。一般需要在遮阴的温室或大棚进行。

2. 嫁接刀刃须锐利 嫁接使用的刀片必须锐利，否则切口毛糙影响嫁接成活率。每面刀刃以嫁接200株左右为宜。

3. 清除病苗 注意嫁接过程消毒，嫁接1株感病苗，可能把病菌传给多株健壮苗。因此，嫁接前先要注意排除病苗。同时，嫁接时使用的器具及操作人员的手，要在操作过程中多次用酒精或者高锰酸钾溶液消毒。消毒后的刀片和手必须晾干或者擦拭干净，否则沾染切口会增加愈合的困难。操作场所也须保持清洁。

4. 防止病菌感染 接穗嫁接只能减少病菌从砧木根部侵入的机会，但不能避免病原菌从接穗侵入可能。所以必须注意预防病菌感染接穗。为此：

（1）严防接穗产生不定根　靠接苗在成活后切断接穗根部时，位置要尽量高些，切断口必须光滑。插接苗在成活后要留意由砧木的中心髓部发生的接穗不定根，并及时除掉或将嫁接苗废弃。

嫁接质量不好或嫁接后遇有低温连阴天气导致接口愈合不好时，有的人会采取不断根用双根来保苗，这不仅增加了通过接穗染病的机会，而且由于南瓜根得不到足够的营养而萎缩，黄瓜的自根也得不到充分发育，反而不理想。

（2）保持接口清洁　嫁接时和嫁接后，一定要保持接口清洁，不使其沾上水和基质，否则极易感染病菌，还容易诱发接穗发生不定根。

（3）嫁接苗栽的深度要适当　栽的过深或所覆基质过高时，不仅接口容易受到感染，而且也容易诱使接穗发生不定根。

在嫁接苗定植成活后，于地面喷洒1 000倍液锰酸钾和可杀得、DT杀菌剂、百菌清与代森猛锌等量混合剂，可以减少枯萎病、疫病、蔓枯病、炭疽病等从接口或者接口上部进行侵染。

（4）整枝和棚室内作业要避免交叉感染。

5. 避免过分连作，采取多种措施　防病砧木虽可在一定程度上提高植株的抗病和耐受病能力，但大多数砧木品种并无免避病虫害的能力。所以栽培时，即使砧木有较好的抗病能力，也会因病菌密度过大或基质环境恶化而发病。比如目前黑籽南瓜普遍发生的拟茎点霉根腐病就给嫁接黄瓜栽培带来了沉重打击。因此，避免过分连作，积极采取各种有效防病措施，不使病原菌密度过大和环境恶化是非常必要的。

6. 注意对嫁接苗的肥水管理　用南瓜作砧木时，嫁接苗的吸肥吸水能力会明显增强，植株长势旺，子蔓发生多，叶片大，如不能适当地控制肥水用量，在日照不足时容易出现植株徒长，致使采瓜前期瓜形不整齐。若肥水供应不足，满足不了嫁接苗生长和开花结瓜的需要，嫁接苗的增产潜力也不能得到很好地发挥。因此，嫁接苗定植后在灌水、追肥方面更须多加注意，以调整营养生长和生殖生长的平衡，积极维持植株的正常生长和结果。

7. 注意防范嫁接苗新发生的一些病害 嫁接以后，由于植株抗性的改变，或由于出现伤口，可能有些过去没有发生和注意到的病害逐渐发展成为毁灭性的主导病害，如拟茎点霉根腐病、蔓枯病、茎部炭疽病等。积极观察研究新病害的发生规律和有效防治措施，是确保嫁接栽培健康发展的一项重要工作。

二、砧木的选择

黄瓜嫁接栽培时必须选择优良的砧木，以达到防病和早熟的目的，因此砧木的选择在嫁接栽培中至关重要。选择砧木时要掌握以下几个基本原则：

1. 砧木与接穗的亲和力强 主要包括嫁接亲和力和共生亲和力。嫁接亲和力是指嫁接后砧木与接穗愈合的程度，可以用嫁接后的成活百分率来表示，嫁接后砧木很快就与接穗愈合，成活率高，则表明砧木与接穗的嫁接亲和力高，反之则低。共生亲和力是指嫁接成活后两者的共生状况，一般用嫁接成活后嫁接苗的生长发育速度、生育正常与否、结果后的负载能力等来表示。嫁接亲和力和共生亲和力并不一定一致，有的砧木与接穗嫁接成活率很高，但后期表现不良，表现为共生亲和力差。因此生产上选择砧木时，要选择嫁接亲和力和共生亲和力都较高且较一致的砧木。

2. 砧木的抗病能力强 选用砧木嫁接黄瓜最重要的一个目的就是为了增强黄瓜的抗病力，尤其是对镰刀菌枯萎病等土传病害的抵抗力，因此，选择的砧木必须具有抵抗这些病菌的能力，同时兼顾其他优势以及与接穗的抗性互补，这也是选择砧木的一个重要因素。

3. 砧木对黄瓜品质无不良影响 不同的砧木对黄瓜的品质会有不同的影响，因此黄瓜在嫁接时，必须选择对黄瓜品质基本无不良影响的砧木。

4. 砧木对不良环境条件的适应能力强 在嫁接栽培的情况下，黄瓜植株的低温生长性、雌花出现早晚和低温坐果性，以及根群的扩展和吸肥能力、耐旱性和对土壤酸度的适应性等，都受砧木固有特性的影响。不同的砧木有不同的特性，对接穗的影响也不相同，因此，根据需要选用最适宜的砧木，是获得黄瓜早熟、丰产和优质的关键之一。在大棚栽培中，由于温度低、光照弱，应选择耐低温、耐弱光、对不良环境条件适应性强的砧木。

5. 具有良好的生长特性　砧木应具有良好的生长特性，根系发达，适应性强，吸收肥水的能力强，长势旺盛，嫁接后能显著促进接穗的生长发育和开花结实，不会发生生理性异常。不同砧木对生长的促进作用和增产效果存在基因型差异，砧木的作用也因接穗而不同，必须将两者统筹起来考虑。

6. 易获得，便于大量繁殖　选择砧木还要考虑砧木的来源、价格、数量以及嫁接操作的方便程度。

适于黄瓜嫁接的主要砧木品种：

1. 白籽南瓜　近年来，白籽型南瓜有代替黑籽型南瓜的趋势。这是因为白籽型南瓜作黄瓜砧木，嫁接后可起到预防因拟茎点霉根腐病造成黄瓜死棵和增加黄瓜瓜条光亮的作用。白籽型南瓜与黑籽型南瓜相比具有以下优势：一是与黄瓜的亲和性强；二是根系发达，抗寒性强；三是抗病能力强；四是瓜条商品性好，瓜条的光泽度好于黑籽南瓜嫁接的黄瓜，且瓜条顺直、果形美观。

2. 黑籽南瓜　根系强大，基圆形，分枝性强。种子通常黑色，有窄薄边。千粒重 250g 左右。黑籽南瓜要求日照严格，日照时间在 13h 以上的地区或季节不形成花芽或有花蕾而不能开花坐果。生长要求较低的温度，较高的地温条件生长发育不良。黄瓜嫁接选用黑籽南瓜做砧木，其原因有 3 个：一是黑籽南瓜根系发达，入土深，吸收范围广，耐肥水，耐旱能力强，可延长采收期增加产量；二是对枯萎病有免疫作用，对蔓枯病、炭疽病、根结线虫的抗性也有提高；三是根抵抗低温能力强，黄瓜根系在温度 10℃时停止生长，而南瓜根系在 8℃时还可以生长根毛。由于南瓜嫁接苗比自根苗素质高，生长旺盛，抗逆性强，前期产量和总产量均比自根苗显著增产。因而，该砧木在国内得到了广泛应用，但后来有人反映以黑籽南瓜作砧木嫁接黄瓜果实带有南瓜味道，尤其是采收后放置几天味道会更明显，因此，目前用量正在减少。

3. 中原共生 Z101 郑州中原西甜瓜研究所利用国外种质资源通过远源杂交育成的黄瓜砧木新品种。中原共生 Z101 较黑籽南瓜优点突出，表现发芽势强，出苗整齐，髓腔紧实，嫁接亲和力强，根系发达，吸水吸肥力强，植株生长旺盛，抗寒耐热，低温条件下生长出苗整齐，中后期不早衰。抗重茬，高抗枯萎病和根腐病，耐根结线虫病是其他砧木所不具备。此品种完全不同于一般黑籽南瓜，对黄瓜品质、风味无任何影响，最大限度保持原品种特性，同时表现坐果提前，瓜条顺直，单瓜重增加，颜色浓绿有光泽，商品价值高，较黑籽南瓜作砧木提早上市 7d 左右，采收期延长，产量提高。

4. 特选新土佐 日本引进的杂交一代南瓜（印度南瓜与中国南瓜的种间杂交种），生长势强，吸肥力强，与黄瓜、西瓜、甜瓜等瓜类亲和力均很强，耐热，耐湿，耐旱，低温生长性强，抗枯萎病等土传病害；适应性广，苗期生长快，育苗期短，胚轴特别粗壮；很少发生因嫁接而引起的急性凋萎，能提早成熟和增加产量。

5. 壮士 属中国南瓜，生性强健，根部抗镰刀菌病害枯萎病、萎凋病等，适于作黄瓜、苦瓜、酣瓜、西瓜的根砧，亲和性良好。因吸肥、吸水力强，低温生长性亦强，故可使嫁接其上的黄瓜、西瓜、洋香瓜、苦瓜等生育结果更佳。

6. 冀砧 10 号 河北省农林科学院经济作物研究所历时 10 年选育的杂交一代。根系发达，子叶较小，吸肥力强，下胚不易空心，与黄瓜嫁接亲和能力强，成活率高，共生亲和性强，高抗枯萎病和拟茎点霉根腐病，对蔓枯病免疫，耐弱光，产量较高，其嫁接苗的瓜条在各种栽培方式下都不产生蜡粉。嫁接黄瓜果实表面油亮、无果霜、口感好，具有良好的商品性。

三、嫁接方法

黄瓜嫁接育苗所用的嫁接方法有靠接法、插接法和劈接法等，前两种方法操作简单，易管理，成活率高，菜农利用的较多。劈接法嫁接后较难管理且成活率低，生产中应用较少。靠接法虽然嫁接速度慢，接后还需进行剪断黄瓜茎、去掉嫁接夹等各项工作，但靠接法嫁接后10d之内接穗还保留自己的根，一旦环境条件不良时仍能保持一定的成活率。一些设备条件较好，操作管理水平比较高的农户可以采用插接法。插接法操作简单，工作效率高，成活率也好。

1. 靠接法　接穗苗播后10～12d，当第1片真叶开始展开，此时正值砧木苗播后7～9d，其子叶完全展开，第1片真叶刚要开始展开时为嫁接最适期。错过了这一时间，南瓜苗的下胚轴就要出现空腔，那样会影响嫁接成功率。

如果采用把黄瓜苗和南瓜苗分别从沙床里取出进行嫁接，首先要把砧木苗的生长点用刀片或竹签剔除，然后在2片子叶连线垂直的一个侧面上，在生长点下0.5～1.0cm的地方，斜着向下切开一个斜口，斜口与下胚轴呈30°～40°角，深达胚轴的2/3处，切口斜面长0.7～1.0cm。然后取接穗苗，在子叶下1.0～1.2cm处斜着向上切开一个口，斜面角度20°～30°，深达胚轴的3/5处，切口斜面长也在0.7～1.0cm。切口斜面如果太小，嵌合后接触面小，愈合可能就差些。

将两个斜口互相插入嵌合，使斜面的一个边互相对齐，随即用嫁接夹固定（图3-1）。用嫁接夹固定时，可以用夹子的口部将砧木和接穗的茎紧紧的夹在一起，但这样往往会把幼嫩的茎夹劈，也有的用塑料膜条来缠绕固定，可以减少切口部分水分蒸发，膜条需要提前准备并剪裁好。嫁接后假植时要使砧木和接穗的胚轴下部分开成人字形，这样，剪断接穗的茎时就比较方便。把南瓜播种到营养钵里，嫁接时只掘取黄瓜苗，嫁接方法完全同上，但嫁接完成后，须把黄瓜的根扯到营养钵的边上用一点土埋住后浇水。不论哪种嫁接方式，都要把嫁接苗假植或摆放到已覆盖上塑料薄膜的拱棚里。棚里要保持较潮湿的条件，尽量减少苗子发生萎蔫。

靠接法嫁接黄瓜须注意以下几点：①错期播种。先播种黄瓜，密度要适当稀一些，以种距3cm为宜；5～7d后再播南瓜，南瓜播种的密度越大越好，这样可使两种苗子茎粗相称（即下胚轴相度相近），易于嫁接，成活率高。②嫁接速度要快，切口要嵌得准。③嫁接好的苗子要立即栽植，栽植时刀口处一定不能沾上泥土，并要把黄瓜茎的一边（夹嫁接夹的一面）栽植在北边。④栽植时要一边栽一边盖上小拱棚塑膜和覆盖物，以及时保温、保湿和遮阴。

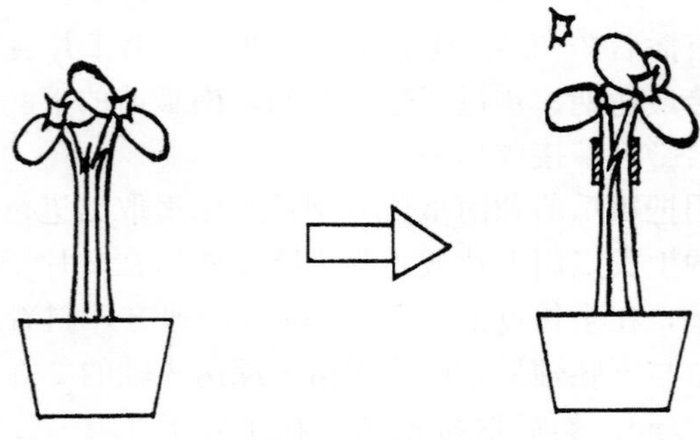

图3-1　靠接法

2. 插接法　接时要求黄瓜苗稍小些，因此需要比南瓜苗晚播3～4d。插接的嫁接适期为砧木苗播后9～11d，子叶完全展开，第一片真叶开始展开；黄瓜苗的子叶已充分展开。黄瓜苗的胚轴比其他瓜类都柔软，不容易插进插接口里，所以插接要严格把握时期。育苗量大时，最好分期分批播种，以适应嫁接的需要。

插接分直插法和斜插法。直插法容易在南瓜胚茎的髓腔里产生不定根，形成“假成活苗”，所以目前多提倡斜插法（图3-2）。斜插法具体做法是：选直径3mm左右、长12cm左右的竹签，将其一端削成1cm长的半圈锥形，其尖端0.5cm处的粗度约在2.5mm左右，相当于黄瓜苗胚茎的粗度。嫁接时去掉砧木的心叶及生长点用竹签顺着右侧子叶主脉延伸的方向，向另一侧子叶方向朝下斜插5～7mm深，当快要扎透茎表皮时停止，千万不要扎破表皮。拿起黄瓜苗在子叶下8～10mm处向下斜削至茎的3/5，切口斜面长 5mm 左右。再从另一面下刀，把下胚轴削成楔形，然后从砧木上拔出竹签，随即将接穗迅速插入其中，插紧，使两种苗的子叶呈“十”字交叉状。嫁接时要防止接穗插入砧木髓腔里产生自根苗。

斜插接法的嵌合部分呈套环状，随着愈伤组织的形成，接穗和砧木的结合会越来越紧密。插接部位又紧靠砧木的子叶节，此处细胞分裂旺盛，维管束集中，愈合能力强，成苗率高。插接虽然操作简单，但是对温湿度的要求比较严格，需要生产者具备一定技能条件。日光温室温光条件好的地区可以采用。

近年来，有的地区采用横插接法，就是用竹签从砧木南瓜子叶下的一侧横插到另一侧，也不要刺破对面的表皮，其他操作与斜插接法相同。横插接法能使接穗与砧木创面接触加大，更有利于愈合，生长势也优于一般插接法。

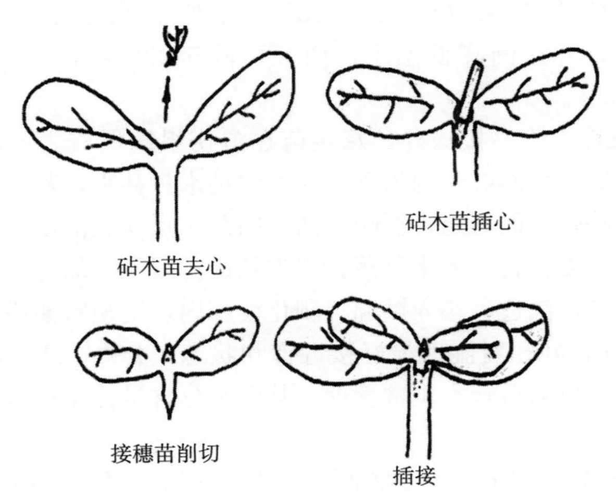

图 3-2　插接法

四、嫁接苗的管理

（一）愈合期管理

嫁接苗愈合好坏、成活率高低与嫁接后的环境条件和管理有直接关系。嫁接愈合一般需要8～10d，嫁接后1～3d是愈伤组织形成时期，也是嫁接成活的关键期。嫁接完后应立即将幼苗转入拱棚或其他类型的驯化设施中，创造良好的环境条件，促进接口愈合与嫁接成活。

1. 光照 接口愈合过程中应尽量避免阳光直射，防止高温低湿条件下接穗失水萎蔫，一般需遮光8～10d。前3d全遮光，但最好保持一定强度的散射光（5 000lx左右），避免应光饥饿而黄化；3d后早晚不再遮光，让幼苗见弱光，以后逐渐延长见光时间；7d后只在中午强光下临时遮阴；待接穗新叶长出后彻底去除覆盖物，进行常规管理。遮光应根据天气情况，阴雨天不用遮光。遮光时间不能过长，密度不能过大，否则影响嫁接苗生育。

2. 温度 嫁接后保持较常规育苗稍高的温度可以促进愈伤组织形成，加快接口愈合。一般嫁接后3～5d内，白天保持24～26℃，不超过27℃；夜间18～20℃，不低于15℃。3～5d以后，开始通风，并逐渐降低温度；白天可降至22～24℃，夜间降至12～15℃。

3. 湿度 除靠接法外，嫁接苗在愈伤组织形成之前，接穗的供水全靠砧、穗间细胞的渗透，这种渗透水量甚少，若环境低湿会因接穗蒸腾强烈而萎蔫，影响成活。因此，愈伤成活期间应保持较高的空气湿度，将接穗水分蒸腾减少到最低限度。幼苗嫁接完成后应立即将基质浇透，移入拱棚等驯化设施内，用塑料薄膜覆盖，喷雾保湿。前3d相对湿度最好接近饱和状态，4～6d结合通风适当降低湿度，成活后转入正常管理。基质水分含量控制在最大持水量的75%～80%为宜。

4. 气体 愈伤组织代谢活跃，呼吸旺盛，氧气供应不足影响其正常代谢和生长。因此嫁接成活过程中要处理好保温保湿和通风的关系。前3d一般不通风，保温保湿；3d后选择温暖且空气湿度较高的傍晚和清晨每天通风1～2次，通风量逐渐加大；10d左右幼苗成活后移出驯化设施。提高空气中CO_2浓度可促进嫁接苗光合作用，增加营养积累，加速接口愈合和嫁接苗成活。高CO_2浓度下气孔部分关闭还能抑制叶片蒸腾作用，防止接穗萎蔫。

（二）成活后管理

1. 幼苗分级　在适宜的条件下，嫁接苗经过8～10d接口即可完全愈合并恢复生长。成活后应及时检查，除去未成活的或接口愈合不良、生长异常的嫁接苗，成活嫁接苗分级管理。对愈合稍差、生长较慢的幼苗集中管理，以促为主。

2. 断根　采用嫁接等方法嫁接的幼苗暂时保留了接穗完整的根系，待幼苗成活后，应及时在靠近接口部位下方将接穗胚轴或茎切断，一般下午进行为好。断根后适当提高温度、湿度，促进伤口愈合。刚刚断根的嫁接苗，若中午出现萎蔫可临时遮阴。

3. 去萌蘖　嫁接时去掉了砧木的生长点和真叶，但幼苗成活和生长过程中还会产生萌蘖。这些萌蘖在较高温度和湿度条件下迅速生长，一方面与接穗争夺养分，影响愈合成活和幼苗生长；另一方面其同化产物输送到植株上部会影响果实品质。所以从通风开始就要及时检查和清除砧木发生的所有萌蘖，保证接穗正常生长。

4. 去嫁接夹　在幼苗成活后应及时去除嫁接夹。去除过早，尤其是靠接法，幼苗搬运过程中容易导致接口脱离或接穗折断；去除过晚影响根茎的生长发育。一般在嫁接成活后1周左右去除嫁接夹等固定物，靠接法可适当推迟，但应以不影响幼苗正常生长为前提。

第四节　培育壮苗与苗期处理

一、培育壮苗

壮苗是丰产的基础。苗期温、光、水、气、肥管理得当才能培育出壮苗。与壮苗对应的是徒长苗和老化苗。徒长苗抗性较弱，耐低温能力、耐高温能力、耐干旱能力及耐湿能力较弱，且易生病害。老化苗苗龄过长，生长缓慢，定植后不易缓苗，结果期短，产量低。育苗中最重要的是培育壮苗，防止幼苗徒长与老化。

1. 壮苗　棚室栽培的黄瓜壮苗一般有如下形态特征：具4～5

片真叶，叶片较大，叶色深绿，水平展开，株冠大而不尖，刺毛刚硬；子叶健全，全绿，厚实肥大；下胚轴长度小于 6cm，茎粗 5mm 以上；根系洁白，主根粗壮，次生根根毛多；无病虫害；壮苗体内干物质含量较多，水分较少。

2. 徒长苗 植株瘦高，茎粗小于 5mm，节间长，下胚轴高，常达 10cm 左右；叶薄而色浅，叶柄细长；子叶发黄，严重的子叶干枯，下部叶片也枯黄；根系稀少。徒长苗多在日照不足、夜温过高、秧苗过密、通风不良、氮肥和水分过多条件下形成。为避免幼苗徒长，育苗时要增加光照，降低夜温，适当控水，避免使用速效氮肥。

3. 老化苗 植株矮小，节间很短，茎细，叶片颜色极深无光泽，叶片小而皱缩，近生长点叶片抱团，根系老化色暗，根系不发达。通常在苗床长期低温、土壤板结缺肥、控水过度条件下形成。为避免幼苗老化，育苗时要保证苗床的适宜温湿度，避免过分控温、控水。

二、苗期处理

如果黄瓜品种是普通花型，特别是夏秋季节育苗，应在苗期喷施乙烯利促进雌花分化。当幼苗 2～3 片真叶时喷施 100～200mg/kg 乙烯利溶液（40％乙烯利 1mL 对水 2～4kg），5～7d 后再喷 1 次。如果品种是雌型品种则无需处理。对于徒长苗除了适当控水、控温、控肥外，还可喷施 25％甲哌啶水剂 2 500 倍液，调控幼苗生长。

小结

1. 穴盘育苗技术是采用草炭、蛭石等轻基质无土材料做育苗基质，机械化精量播种，一穴一粒，一次性成苗的现代化育苗技术。该技术具有省工省时，空间利用率大，为黄瓜赢得较长生长时间，节约使用费用等特点。

2. 育苗是为了更好地创造适宜幼苗发育的根系环境，使得幼苗生长迅速、旺盛，且长势达到基本一致、根系发达、减轻和避免病害传染，实现育苗程序的标准化。育苗基质有轻型基质（如草炭、蛭石、珍珠岩等基质混合使用）、普通基质（主要为田土和有机肥料）。配置基质各种比例要适合，酸碱度、可溶性盐含量要达到标准，出苗时才能做到优质苗。

3. 苗床播种方式有阳畦、温床、遮阴防虫苗床。温床有火道温床、电热温床两种。种子选择应注意：一是品种要与自己的栽培条件符合，包括栽培方式、栽培茬次的气候变化规律、地理条件和生产水平等相适应。比如，用于棚室早春栽培的品种应既耐低温弱光，又能耐高温高湿，在低温和高温下都能正常长秧和结瓜。二是品种的产品性状如瓜长、颜色、棱瘤和刺的有无多少、刺的颜色等都要符合主销往地的消费习惯。三是选择品种时既要重视产量高，又要注重品质好，这样才能适应市场发展的需求。四是既要保持种植品种的相对稳定，又要不断更新。

4. 播种后苗床管理的目标是防徒长，防鼠害和病害，减少非生长期，达到根多苗壮。主要措施有：温度、光照、水分、分苗、苗病害、生长素处理等管理。砧木选择应遵循以下原则：一是砧木的抗病能力强；二是砧木与接穗的亲和力强，主要包括嫁接亲和力和共生亲和力；三是砧木对不良环境条件的适应能力强；四是砧木对黄瓜品质无不良影响；五是具有良好的生长特性；六是易获得，便于大量繁殖。

5. 黄瓜嫁接育苗所用的嫁接方法有靠接法、插接法和劈接法等，前两种方法操作简单，易管理，成活率高，菜农利用的较多。劈接法嫁接后较难管理且成活率低，生产中应用较少。嫁接成活率的高低与嫁接后的管理技术有着非常重要的关系。黄瓜嫁接苗管理的重点是为嫁接苗创造适宜的温度、湿度、光照及通气条件，加速接口的愈合和幼苗的生长。

6. 壮苗是丰产的基础。苗期温、光、水、气、肥管理得当才能培育出壮苗。与壮苗对应的是徒长苗和老化苗。徒长苗抗性较弱，耐低温能力，耐高温能力、耐干旱能力及耐湿能力较弱，且易生病害。老化苗苗龄过长，生长缓慢，定植后不易缓苗，结果期短，产量低。育苗中最重要的是培育壮苗，防止幼苗徒长与老化。

思考题

1. 黄瓜穴盘育苗如何选择基质?
2. 简述黄瓜嫁接的管理技术要点。
3. 选择黄瓜品种时应考虑哪些因素?
4. 黄瓜嫁接时可以选用的砧木有哪些?请分别简述其特点。
5. 黄瓜为什么要进行嫁接育苗?有哪些嫁接方法?

第四章　栽培基质

第一节　栽培基质及其理化性质

栽培基质最初起源于无土栽培的概念，是指作物周围的土壤环境已恶化，严重影响了作物的产量和品质，人们转而寻找替代品，用固体基质（介质）固定植物根系并通过基质吸收营养液和氧气。这样所谓的栽培基质就是指代替土壤提供作物机械支持和物质供应的固体介质。基质种类很多，常用的无机基质有蛭石、珍珠岩、岩棉、沙、聚氨酯等；有机基质有泥炭、稻壳炭、树皮等。因此基质栽培又分为岩棉栽培、沙培等。

蔬菜基质栽培技术以其省工省力、省水省肥、优质高效、环保以及避免连作障碍等优点正逐渐被广大菜农所认可。针对基质栽培设施一次性投入过大、营养液管理较为繁琐、病害发生难以控制这一现状，本着“就简、节能、高效、生态”的原则，笔者对基质栽培进行多年改良和试验示范推广，探索出一条广大菜农能够采纳且易于推广应用的“五改”简易有机生态型基质栽培新技术。

一、栽培基质的物理性状

（一）容重

容重指单位体积内干燥基质的重量，用 g/L 或 g/cm^3 表示。可以取一个固定体积的容器，装满干基质，称其重量，然后用其重量除以容器的体积即得到容重值。由于计算容重时的体积包括了颗粒之间的空隙，因此容重大小主要受基质的质地和颗粒大小的影响。基质的容重反映基质的疏松、紧实程度。容重过大，则基质过紧实，总孔隙度小，通气、透水性差，这种基质操作不方便，也影响作物根系的生长；容重过小，则基质过于疏松，基质过轻，总孔隙度大，虽具有良好的通透性，但浇水时易漂浮，不利于固定根系。不同基质的容重差异很大，同一种基质由于受到压实程度、颗粒大小的影响，其容重也存在着很大的差异。例如，新鲜蔗渣的容重为 0.13g/cm³，经过 9 个月堆沤分解之后容重为 0.28g/cm³（表 4-1）。一般认为，小于 0.25g/cm³ 属于低容重基质，0.25～0.75g/cm³ 属于中容重基质，大于 0.75g/cm³ 的属于高容重基质，而基质容重在 0.1～0.8g/cm³ 范围内作物栽培效果较好。

表 4-1 几种常见基质的容重和密度

基质种类	容重（g/cm³ 近似值）	密度
土壤	1.10～1.70	2.54
沙	1.30～1.50	2.62
蛭石	0.08～0.13	2.61
珍珠岩	0.03～0.16	2.37
岩棉	0.04～0.11	—
草炭	0.05～0.20	1.55
蔗渣	0.12～0.28	—
树皮	0.10～0.30	2.00

（二）总孔隙度

总孔隙度是指基质中持水孔隙和通气孔隙的总和，以相当于基质体积的百分数（%）来表示。总孔隙度大的基质，其空气和水的容纳空间就大，反之就小。总孔隙度计算公式：

总孔隙度＝（1－容重/密度）×100%

如果一种基质的容重为 0.1g/cm³，密度为 1.55g/cm³，则总孔隙度为：

（1－0.1/1.55）×100%＝93.55%

总孔隙度大的基质较轻且疏松，容纳空气和水的量大，有利于作物根系生长，但对于作物根系的支撑固定作用的效果较差，易倒伏，如蔗渣、蛭石、岩棉等的总孔隙度在90%以上。总孔隙度小的基质较重，水、气的容纳量较少，如沙的总孔隙度约为30.5%，不利于植物根系的伸展，必须频繁供液以弥补此缺陷。因此，为了克服单一基质总孔隙度过大或过小所产生的弊病，在实际应用时常将2～3种不同颗粒大小的基质混合使用，可以改善基质的物理性能。在基质的分类中，大孔隙占5%～30%的基质属于中等孔隙度，小于5%的属低孔隙度，而大于30%的属高孔隙度（这时基质持水量低，容易干燥）。一般来说，基质的总孔隙度在54%～96%范围内即可。

（三）基质气水比（大小孔隙比）

总孔隙度只能反映在一种基质中空气和水分能够容纳的空间总和。它不能反映基质中空气和水分各自能够容纳的空间。而在植物生长的根系周围，能提供多少空气和容易被利用的水分，这是园艺基质最重要的物理性质。最适宜的基质的总孔隙度状况是同时能提供20%的空气和20%～30%容易被利用的水分。气水比是指在一定时间内，基质中容纳气、水的相对比值。通常以基质的大孔隙和小孔隙之比来表示，并且以大孔隙值作为1。大孔隙是指基质中空气能够占据的空间，即通气孔隙；小孔隙是指基质中水分所能够占据的空间，即持水孔隙。通气孔隙与持水孔隙的比值称为大小孔隙比，用下式表示：

大小孔隙比＝通气孔隙（%）/持水孔隙（%）

（四）通气孔隙

一般指孔隙直径在1mm以上，灌溉后的溶液不会吸持在这些孔隙中而随重力作用流出的那部分空间，因此这种孔隙的作用是贮气；持水孔隙一般指孔隙直径在0.001～0.1mm范围内的孔隙，水分在这些孔隙中会由于毛细管作用而被吸持，充满于孔隙内，也称为毛管孔隙，存在于这些孔隙中的水分称为毛管水，这种孔隙的主要作用是贮水，没有通气作用。大小孔隙比能够反映出基质中气、水之间的状况，是衡量基质优劣的重要指标，与总孔隙度合在一起可全面地表明基质中气和水的状态。如果大小孔隙比大，则说明空气容量大而持水容量较小，即贮水力弱而通透性强；反之，如果大小孔隙比小，则空气容量小而持水量大。一般而言，大小孔隙比在1∶（2～4）范围内为宜，这时基质持水量大，通气性又良好，作物都能良好地生长，并且管理方便。

（五）粒径

粒径是指基质颗粒的直径大小，用毫米（mm）表示。基质的颗粒大小直接影响着容重、总孔隙度和大小孔隙比。同一种基质粒径越小，颗粒越细，容重越大，总孔隙度越小，大小孔隙比越小；反之，粒径越大，颗粒越粗，容重越小，总孔隙度越大，大小孔隙比越大。因此，为了使基质既能满足根系吸水的要求，又能满足根系吸收氧气的要求，基质的粒径不能太大。粒径太大，虽然通气性较好，但持水性较差，种植管理上要增加浇水次数；粒径太小，虽然有较高的持水性，但其表面吸附的和小孔隙内容留的水分不易流动、排出，导致颗粒间通气不良，易产生基质内水分过多，造成过强的还原状态，也不利于养分的流通和吸收，影响根系生长。因此，颗粒大小应适中，其表面虽粗糙而不带尖锐棱角，并且孔隙应多而比例适当。但不同种类的基质，各自有适宜的粒径。就沙粒来说，粒径以0.5～2.0mm为宜；就陶粒来说，粒径在1cm以内为好；就岩棉（块状）等基质来说，粒径大小并不重要。

配制混合基质时，颗粒大小不同的基质混合后，其总体积小于原材料体积的总和。例如，$1m^3$ 沙子和 $1m^3$ 树皮相混后，因为沙粒充填在树皮的孔隙中，总体积变为 $1.75m^3$，而非 $2m^3$。同时，随着时间的推移。由于树皮分解，总体积还会减小，这都会削弱透气性。所以，在配制混合基质时最好选用抗分解的有机基质，以免颗粒时间长后由大变小。无机基质与有机基质相比，其颗粒大小不易因分解而变细变小。

此外，栽培的基质还应有较好的形状，不规则的颗粒具有较大的表面积，能保持较多的水；而多孔物质还能在颗粒内部保持水分，因而保持的水多。

植物生长不良或死亡，往往是由于基质的总孔隙度和大孔隙值过小，基质中缺乏空气，植物根系因受到自身释放出的二氧化碳的毒害，丧失吸收水分和养分的能力。尽管灌水可以挤出二氧化碳，引入新鲜空气，但如果基质没有足够的大孔隙，灌水的后果无异于饮鸩止渴。

木屑等有机基质分解后因颗粒变细变实，会造成大孔隙减少。容器的底和壁建立了一个保持水分的高表面张力界面后，也会导致大孔隙减少。

不同基质物理性质详见表 4－2。

表 4－2 常见基质的物理性质

基质名称	容重（g/cm^3）	总孔隙度（%）	大孔隙（%）（通气容积）	小孔隙（%）（持水容积）	大小孔隙比
菜园土	1.10	66.0	21.0	45.0	0.47
沙子	1.49	30.5	29.5	1.0	29.50
煤渣	0.70	54.7	21.7	33.0	0.66
蛭石	0.13	95.0	30.0	65.0	0.46
珍珠岩	0.16	93.0	53.0	40.0	1.33
岩棉	0.11	96.0	2.0	94.0	0.02
泥炭	0.21	84.4	7.1	77.3	0.09
锯木屑	0.19	78.8	34.5	43.8	0.79
炭化稻壳	0.15	82.5	57.5	25.0	2.30
蔗渣（堆沤 6 个月）	0.12	90.8	44.3	46.3	0.96

二、基质的化学性状

（一）基质的化学组成及其稳定性

基质的化学组成通常指其本身所含有的化学物质种类及其含量，既包括了作物可以吸收利用的矿质营养和有机营养，又包括了对作物生长有害的有毒物质等。基质的化学稳定性是指基质发生化学变化的难易程度，与化学组成密切相关，对营养液和栽培作物生长具有影响。在无土栽培中要求基质有很强的化学稳定性，基质不含有毒物质，这样可以减少营养液受干扰的机会，保持营养液的化学平衡，便于管理和保证作物正常生长。基质的种类不同，化学成分不同。基质的化学稳定性因化学组成不同而差别很大。由无机矿物构成的基质（沙、砾石等），其成分由石英、长石、云母等矿物组成。则其化学稳定性最强；由角闪石、辉石等组成的基质次之；以石灰石、白云石等碳酸盐矿物组成的基质最不稳定。前两者在无土栽培生产中不会产生影响营养液平衡的物质，后者则会产生钙、镁离子而严重影响营养液的化学平衡。这是无土栽培中要经常注意的问题。

由植物残体构成的基质，如泥炭、木屑、稻壳、蔗渣等，其化学组成比较复杂，对营养液的影响较大。从影响基质的化学稳定性的角度来划分其化学成分类型，大致可分为3类：第一类是易被微生物分解的物质，如糖、淀粉、半纤维素、纤维素、有机酸等；第二类是有毒物质，如某些有机酸、酚类、鞣质等；第三类是难被微生物分解的物质，如木质素、腐殖质等。含第一类物质多的基质（新鲜稻草、蔗渣等），使用初期会由于微生物活动而引起强烈的生物化学变化，严重影响营养液的平衡，最明显的是引起氮素的严重缺乏。含有第二类物质比较多的基质会直接毒害根系。所以第一、二类物质较多的基质不经处理是不能直接使用的。含第三类物质为主的基质最稳定，使用时也最安全，如泥炭及经过堆沤处理后腐熟了的木屑、树皮、蔗渣等。堆沤是为了消除基质中易分解物质和有毒物质，使其转变成以难分解的物质为主体的基质。

（二）基质的酸碱性（pH）

pH表示基质的酸碱度。pH＝7为中性，pH＜7为酸性，pH＞7为碱性。pH变化1个单位，酸碱度就增加或减少10倍。例如，pH 5较pH 6酸度增加10倍，较pH 7酸度增加100倍。

基质的酸碱性各不相同，既有酸性的，又有碱性的和中性的。无土栽培基质的酸碱度应保持相对稳定，且最好呈中性或微酸性状态。过酸、过碱都会影响营养液的平衡和稳定。一些资料认为，石灰质（石灰岩）的砾和沙含有非常多的碳酸钙（$CaCO_3$）。用这种砾或沙作基质时，它就会将碳酸钙释放到营养液中，而提高营养液的pH，即产生碱性。这种增加的碱度能使铁沉淀，造成植物缺铁。对于这种砾和沙，虽然可以用水洗、酸洗或在磷酸盐溶液中浸泡等方法减缓其碳酸根离子的释放，但这只能在短期内有效，终归是要发生营养问题的。这一问题使得碳酸岩地区难以进行砾培和沙培。在生产中必须事先对基质检验清楚，以便采取相应措施予以调节。生产上比较简便的测定方法是取1份基质，按体积比加5份蒸馏水混合，充分搅拌后进行测定。在初期使用时，基质的pH会发生变化，但变化幅度不宜过大，否则将影响营养液成分的有效性和作物的生长发育。

（三）阳离子代换量

阳离子代换量是指基质的盐基交换量，即在一定酸碱度条件下基质含有可代换性阳离子的数量。阳离子代换量可表示基质对肥料养分的吸附保存能力，并能反映保持肥料离子免遭水分淋洗并能缓慢释放出来供植物吸收利用的能力，对营养液的酸碱反应也有缓冲作用。基质的颗粒一般带负电荷。肥料养分水解后形成阴离子和阳离子。阳离子如NH_4^+、K^+、Ca^{2+}、Mg^{2+}和Na^+，可被带负电荷的基质颗粒所吸附，以抵抗淋洗，直至被其他阳离子（一般为H^+）所代换。阴离子如NO_3^-、SO_4^{2-}和Cl^-，因不能被带负电荷的颗粒所吸附，易遭受淋洗。有高阳离子代换量的基质有较强的养分保持作用，但过高时，因养分淋洗困难，容易出现可溶性盐类蓄积而对植物造成伤害；反之则只能保持少量养分，因而需要经常施用肥料。有高阳离子代换量的基质能缓解营养液pH的快速变化，但当调节pH时，也需使用较多的校正物质。一般来说，有机基质具有高的阳离子代换量，故缓冲能力强，可抵抗养分淋洗和pH过度升降（表4-3）。基质的阳离子代换量（CEC）以每千克基质代换吸收阳离子的厘摩尔数（cmol/kg）表示。有的基质几乎没有阳离子代换量（如大部分的无机基质），有些却很高，它会对基质中的营养液组成产生很大影响。基质的阳离子代换量有不利的一面，即影响营养液的平衡，使人们难以按需控制营养液的组分；但也有有利的一面，即保存养分、减少损失和对营养液的酸碱反应有缓冲作用。应对每种基质的阳离子代换能力有所了解，以便权衡利弊而做出选择。

表 4-3 常见基质的化学性质

基质种类	阳离子代换量（cmol/kg）
高位泥炭	140～160
中位泥炭	70～80
蛭石	100～150
树皮	70～80
沙、砾、岩棉等惰性机制	0.1～1

（四）基质的电导率

未加入营养液时本身具有的电导率，用以表示各种离子的总量（含盐量），一般用毫西门子/厘米（mS/cm）表示。电导率是基质分析的一项指标，它表明基质内部已电离盐类的溶液浓度，反映基质中原来带有的可溶盐分的多少，将直接影响到营养液的平衡。基质中可溶性盐含量不宜超过1 000mg/kg，最好在500mg/kg以下。例如受海水影响的沙，常含有较多的海盐成分；煤渣含代换钙高达9 247.5mg/kg；某些植物性基质含有较高的盐分，如树皮、炭化稻壳等。使用基质前应对其电导率了解清楚，以便用淡水淋洗或作其他适当处理。基质的电导率与硝态氮之间存在相关性，故可由电导率值推断基质中氮素的含量，判断是否需要施用氮肥。一般在花卉栽培中，当电导率小于0.37～0.5mS/cm（相当于自来水的电导率）时，必须施肥；电导率达1.3～2.75mS/cm时，一般不再施肥，并且最好淋洗盐分。栽培蔬菜作物的溶液电导率应大于1.0mS/cm。电导率的简便测定方法同酸碱度测定法，并可用专门仪器（电导仪）测量。样品溶液的制备方法多样，除基质与水之比为1∶5（v/v）外，尚有1∶2、饱和法等，必须事先确定，才能正确解释所得结果。

（五）基质的缓冲能力

基质的缓冲能力是指基质在加入肥料后，基质本身所具有的缓和酸碱度（pH）变化的能力。缓冲能力的大小主要由阳离子代换量以及存在于基质中的弱酸及盐类的多少而决定。一般阳离子代换量高的，其缓冲能力就强。含有较多的碳酸钙、镁盐的基质对酸的缓冲能力大，但其缓冲作用是偏酸性的（只缓冲酸性）；含有较多腐殖质的基质对酸碱两性都有缓冲能力。依基质缓冲能力的大小排序，则为：有机基质＞无机基质＞惰性基质＞营养液。在常用基质中，有些矿物性基质有很强的缓冲能力，如蛭石，但大多数矿物性基质缓冲能力都很弱。因此，应了解清楚基质的缓冲能力，以便利用其优点，避免其缺点。

（六）碳氮比

碳氮比是指基质中碳和氮的相对比值。碳氮比高（高碳低氮）的基质，由于微生物生命活动对氮的争夺，会导致植物缺氮。碳氮比达到 1 000∶1 的基质，必须加入超过植物生长所需的氮量，以补偿微生物对氮的需求。碳氮比很高的基质，即使采用了良好的栽培技术，也不易使植物正常生长发育。因此，木屑和蔗渣等有机基质，在配制混合基质时，用量不宜超过 20%，或者每立方米加 8kg 氮肥，堆积 2～3 个月，然后再使用。另外，大颗粒的有机基质由于其表面积较小，分解速度较慢，而且其有效碳氮比小于小颗粒的有机基质（细锯末的碳氮比为 1 000∶1，而直径为 0.5cm 的粗锯末的碳氮比则为 500∶1），所以要尽可能使用大颗粒的尤其是碳氮比低的基质。一般规定，碳氮比为（200～500）∶1 属中等，小于 200∶1 属低等，大于 500∶1 属高等。通常，碳氮比宜中、宜低而不宜高。碳氮比为 30∶1 左右较适合于作物生长。

第二节　基质栽培的种类与选择

无土栽培用的固体基质有许多种，包括岩棉、蛭石、珍珠岩、沙、砾石、草炭、稻壳、椰糠、锯末、菌渣等，这些基质加入营养液后，能像土壤一样给植物提供 O_2、H_2O、养分和对植物的支持，同时能够弥补纯水培的一些不足之处，如通气不良，不能调节供给根系的水分条件等。因此，固体基质是无土栽培中极重要的一个部分。

固体基质的分类方法很多，按基质的来源分类，可以分为天然基质和人工合成基质两类。如沙、石砾等为天然基质，而岩棉、泡沫塑料、多孔陶粒等则为人工合成基质。

按基质的组成来分类，可以分为无机基质、有机基质和化学合成基质三类。沙、砾石、岩棉、蛭石和珍珠岩等都是无机物组成，为无机基质；树皮、泥炭、蔗渣、稻壳、椰糠等是由植物有机残体组成的，为有机基质；泡沫塑料为化学合成基质。

按基质的性质来分类，可以分为活性基质和惰性基质两类。所谓活性基质是指具有盐基交换量或本身能供给植物养分的基质。惰性基质是指基质本身不起供应养分作用或不具有盐基交换量的基质。泥炭、蛭石等含有植物可吸收利用的养分，并且具有较高的盐基交换量，属于活性基质；沙、石砾、岩棉、泡沫塑料等本身既不含养分也不具有盐基交换量，属于惰性基质。

按基质使用时组分的不同，可以分为单一基质和复合基质两类。所谓单一基质是指使用的基质是以一种基质作为植物生长介质的，如沙培、沙砾培使用的沙、石砾，岩棉培的岩棉，都属于单一基质。复合基质是指由两种或两种以上的基质按一定的比例混合制成的基质。现在，生产上为了克服单一基质可能造成的容重过轻、过重、通气不良或通气过盛等弊端，常将几种基质混合形成复合基质来使用。一般在配制复合基质时，以两种或三种基质混合而成为宜。

一、无机基质和有机基质

无机基质主要是指一些天然矿物或其经高温等处理后的产物作为无土栽培的基质，如沙、砾石、陶粒、蛭石、岩棉、珍珠岩等。

它们的化学性质较为稳定，通常具有较低的盐基交换量和较差的蓄肥能力。

有机基质则主要是一些含 C、H 的有机生物残体及其衍生物构成的栽培基质，如草炭、椰糠、树皮、木屑、菌渣等。有机基质的化学性质不太稳定，它们通常有较高的盐基交换量，蓄肥能力相对较强。

一般说来，由无机矿物构成的基质，如沙、砾石等的化学稳定性较强，不会产生影响平衡的物质；有机基质如泥炭、锯末、稻壳等的化学组成复杂，对营养液的影响较大。锯末和新鲜稻壳含有易被微生物分解的物质，如碳水化合物等，使用初期会由于微生物的活动，发生生物化学反应，影响营养液的平衡，引起氮素严重缺乏，有时还会产生有机酸、酚类等有毒物质，因此用有机物作基质时，必须先堆制发酵，使其形成稳定的腐殖质，并降解有害物质，才能用于栽培。此外，有机基质具有高的盐基交换量，故缓冲能力比无机基质强，可抵抗养分淋洗和 pH 过度升降。

（一）岩棉

岩棉白色或浅绿色，容重为 0.06～0.11g/cm^3，总孔隙度 96%～100%，大孔隙为 64.3%，小孔隙为 35.7%，气水比 1∶0.55，吸水力强，pH 为 6.0～8.3，碳氮比和盐基代换量低，属惰性基质。因此，岩棉体轻，易搬运；理化性状稳定；高温合成不带病菌；吸水力强，水分供给充足；水分张力小，容易沤根。应控制供液量，同时通过控制岩棉高度来控制岩棉的含水量，一般高度为 10～15cm 为宜，使水分沉入下层。新的岩棉 pH 较高，一般在 7.0～8.0，可用磷酸或硫酸冲洗使其 pH 下降；不易腐烂分解，易造成污染。

（二）沙

沙容重 1.5～1.8g/cm^3，总孔隙度 30.5%，大孔隙 29.5%，小孔隙 1.0%，气水比 1∶0.03，pH 6.5～7.8，碳氮比和持水量均低，没有盐基代换量，电导率 0.46mS/cm，适宜粒径为 0.5～3mm，因此，沙子容重大，搬运及更换基质时不方便；持水性差，便于排水通气，但不利于保水保肥，气水比大，缓冲能力差，对营养液配方、灌液量和灌液次数要求严格，管理麻烦，灌液应少量多次。沙子中大量元素含量少，但含有一定的微量元素 Fe、Mn、B 等，但是有时会引起微量元素中毒，特别是在酸性条件下，应进行化学分析后使用。沙子还含有氧化钙，应清洗后使用，石灰性沙子含有大量的氧化钙，一般含量超过 20%的不能作基质使用。沙子属惰性基质，大量元素含量少，不会影响营养液浓度平衡，带菌少，消毒容易。

（三）砾石

砾石容重大，一般为 1.5～1.8g/cm^3，不便搬运和管理，要求栽培槽坚固。砾石属惰性基质，不具有盐基代换量，保水、保肥能力差，排水性好，通气性好，坚硬不宜碎，使用粒径为 1.6～20mm，其中 1/2 的砾石粒径 13mm 左右。砾石的化学组成差异很大，一般以非石灰性砾石为好，不宜采用石灰质的。新砾石对营养液的 pH 和营养液的组成浓度有一定的影响，使用前应使用磷酸钙处理或频繁换液，降低 pH。综上所述，目前使用砾石作基质的越来越少了。

（四）蛭石

蛭石容重小，为 0.07～0.25g/cm^3，总孔隙度 95%，大小孔隙比约 1∶4，气水比为 1∶4.34，持水量大，为 55%（每立方米蛭石可吸水 100～650kg），电导率为 0.36mS/cm，碳氮比低。因此蛭石轻，搬运方便，保水保肥能力强，通气性好，有较强缓冲能力和离子交换能力，矿质营养能适量释放，供植物吸收利用，但氮磷较少，配制营养液时应给予考虑。使用 1～2 次后结构会破碎，孔隙变小，影响通气和排水。不宜长期使用。pH 6.5～9.0，与酸性基质混合使用较好，单独使用时应加入少量酸中和。国外园艺用蛭石按直径大小分为 4 级：3～8mm 为 1 级；2～3mm 为 2 级；1～2mm 为 3 级；0.75～1mm 为 4 级。1 级、2 级常作为育苗基质使用，2 级最常用。

（五）珍珠岩

珍珠岩直径为 1.5～4mm 的灰白色多孔性闭孔疏松核状颗粒，

又称为膨胀珍珠岩或“海绵岩石”，是一种轻质团聚体，容重小，为0.03～0.16g/cm³，总孔隙度为60.3%，其中大孔隙为29.5%，小孔隙为30.8%，气水比1∶1.04，持水量为60%，电导率为0.31mS/cm，碳氮比低。因此珍珠岩体轻，易搬运；持水性好（吸水量可达自重的2～3倍），通气性好，易排水；理化性状稳定，所含养分几乎不能吸收利用，盐基代换量每100g低于1.5cmol，几乎没有缓冲能力和离子交换性能；抗各种理化因子作用，不易分解，不会对营养液产生干扰；带菌少；受压后易碎；易漂浮，固定性差，适合与其他基质混合使用；其氧化钠含量不宜超过5%。园艺上常用颗粒大小为3～4mm。

（六）膨胀陶粒

膨胀陶粒又称多孔陶粒或海氏砾石，外壳硬而较致密，色赫红。从切面看，内部为蜂窝状的孔隙构造；质地较疏松，略呈海绵状，微带灰褐色，比重0.3～0.6，容重为0.5～1.0g/cm³，大孔隙多，吸水率为48mL/（L·h），通气性和排水性好，持水性差；pH为4.9～9.0，有一定的盐基代换量（6～21cmol/kg），碳氮比低，多数颗粒横径为0.5～1cm，坚硬不易碎，可反复使用，但是连续使用后表面吸收的盐分易造成小孔堵塞。适合栽培要求通气性好的花卉，不宜栽培需水量大的植物和小苗，单独使用多用于循环营养液的种植系统，或与其他基质混合使用，或作为人工土的表面覆盖材料。陶粒单价高于珍珠岩、蛭石等基质，但是可反复使用，实际成本并不高。

（七）炉渣

炉渣容重适中，为0.78g/cm³，总孔隙度为55.0%，其中大孔隙22.0%，小孔隙33.0%；持水量为17%，通气性和排水性好，持水性差，最好不单独使用，混合使用中的用量不宜超过60%，使用粒径为1～5mm。炉渣的电导率为1.83mS/cm，含有一定量的大量元素和微量元素，对营养液成分影响大。pH较高，使用前应清洗或用酸碱液中和。炉渣资源丰富，廉价，带菌少，为无机基质。

（八）草炭

草炭又叫泥炭，由未完全分解的植物残体、矿物质和腐殖质三者组成，是世界上公认的最好的无土栽培基质之一。草炭容重为0.2～0.6g/cm^3（东北高位草炭可低至0.14g/cm^3，江苏低位草炭可高达0.97g/cm^3），体轻，易搬运；总孔隙度为77%～84%，大孔隙为5%～30%；持水量为50%～55%；含水量为30%～40%，自然状态下可达50%以上；因此草炭通气性强，持水量大。草炭的pH 3.0～6.5，个别达到7.0～7.5，如果呈酸性可与碱性基质混合使用，或加入白云石粉4～7kg/m^3；盐基代换量中等或高等，个别可达0.2～0.7cmol/kg；电导率1.10mS/cm；碳氮比低或中等；有机质和全氮含量高，如有机质含量达到40%以上，最好与其他基质混合使用，以增加容重，改善结构，混合比例为25%～75%（体积比）。草炭可分为三类：低位草炭、高位草炭和中位草炭。低位草炭容重较大，吸水量和通气性较差，不易单独作无土栽培基质，分解度高，氮和灰分含量较高，可直接作肥料使用；高位草炭分解度低，氮和灰分含量较少，酸性较强（pH 4～5），容重较小，持水力、盐基代换量、吸水力、通气性较好，可与其他基质混合使用；中位草炭形状介于以上二者之间，可用于无土栽培基质使用。

（九）芦苇末

芦苇末又称人工泥炭。利用造纸厂废弃下脚料——芦苇末，添加一定比例的鸡粪等辅料，在发酵微生物的作用下，堆制发酵合成优质环保型无土栽培基质。有机芦苇末基质，容重0.2～0.4g/cm^3，总孔隙度80%～90%，气水比0.5～1.0，电导率1.2～1.7mS/cm，pH 7.0～8.0，盐基代换量60～80coml/kg，具有较强的缓冲能力，各种营养元素含量丰富，微量元素的含量基本满足植物生长发育的需要，理化性状基本可与天然草炭相比拟。

（十）甘蔗渣

甘蔗渣经过3～6个月的堆制，增施氮肥处理，蔗渣可以成为与草炭种植效果相当，容重为117g/cm^3，大孔隙44.9%，小孔隙

46.3%，气水比 1∶1.03，pH 为 4.9～5.3，甘蔗渣的粒径为5～15mm。

（十一）椰糠

椰糠又名金椰粉、压缩植物培养料，是椰子果实外壳加工后的粉状废料。椰粽或椰壳切成小块可作为栽培基质。未经切细压缩者含有长丝，质地蓬松；经过切细压缩者呈砖状，每块重 450g 或 600g，加水体积可膨大至 6 000～8 000cm^3，吸水量为自重的 5～6 倍，湿容重为 0.55g/cm^3，pH 为 5.8～6.7。吸水力强、持水量大、通气性和排水性较好，保肥能力较强，pH、容重适中，价格适中，但是碳氮比较高，容易出现缺素现象，不适合单独使用，与其他基质混合使用，是盆栽花卉比较理想的基质。

（十二）腐叶

腐叶是花卉常用的混合基质的种类之一，不适合单独使用。在秋季将阔叶树叶集中在坑中腐熟，春季使用。有较好的盐基交换量、持水性和透气性，能够为植物提供一个类似有土栽培的理想环境。因此在花卉栽培中越来越受到重视。此外，腐叶、炭化稻壳与其他基质混合使用效果很好。木屑、树皮、菌渣经过发酵处理，可与其他基质混合使用，但是混合比例不宜过大。

（十三）菌渣

菌渣为有机基质，其氮磷含量较好，不宜直接作为基质使用，混合使用时菌渣的比例不应超过 40%（体积比）。

二、合成基质

化学合成基质又称人工土，是近十年研制出的一种新产品，它是以有机化学物质（如脲醛、聚氨酯、酚醛等）作原材料、人工合成的新型固体基质。其主体组分可以是多孔塑料中的脲醛泡沫塑料、聚氨酯泡沫塑料、聚有机硅氧烷泡沫塑料、酚醛泡沫塑料、聚乙烯醇缩甲醛泡沫塑料、聚酰亚胺泡沫塑料之任一种或数种混合物，也可以是淀粉聚丙烯树脂一类强力吸水剂，使用时允许适量渗入非气孔塑料甚至珍珠岩。

目前在生产上得到较多应用的人工土是脲醛泡沫塑料，它是将工业脲醛泡沫经特殊化改性处理后得到的一种新型无土栽培基质，是一种具多孔结构，直径≤2cm，表面粗糙的泡沫小块，具有与土壤相近的理化性质，pH 为 6～7，且容易调整。容重为 0.01～0.02g/cm³，总孔隙度为 827.8%，大孔隙为 101.8%，小孔隙为 726.0%，气水比 1∶7.13，饱和吸水量可达自身重量的 10～60 倍或更多，有 20%～30%的闭孔结构，故即使吸饱水时仍有大量空气孔隙，适合植物根系生长，解决了营养液水培中的缺氧问题。脲醛泡沫体轻，固定性极差，栽培时必须用容重大的基质增重，通气性好，排水性好，持水性强，有弹性，在受到不破坏结构的外力压缩后仍能恢复原状。基质颜色洁白，容易按需要染成各种颜色，观赏效果好，可 100%的单独替代土壤用于长期栽种植物，也可与其他泡沫塑料或珍珠岩、蛭石、颗粒状岩棉等混合使用。生产过程中，经酸、碱和高温处理已杀灭病菌、害虫和草籽，不存在土传病害，适应出口及内销的不同场合不同层次的消费需要，其产品的质量检验容易通过。但由于人工土相对来说是一种高成本产品，所以，在十分讲究经济效益的场合，如在饲料生产、切花生产、大众化蔬菜生产方面，目前不及泥炭、蛭石、木屑、煤渣、珍珠岩等实用，但在城市绿化、家庭绿化、作物育苗、水稻无土育秧、培育草坪草、组织培养和配合课堂教学方面，则人工土具有独到的长处。

人工土又完全不同于无土栽培界有些人所称的人造土（人工土壤）、人造植料、营养土、复合土等。究其实质，后者不外乎是混合基质，将自然界原本存在的几种固体基质和有机基质按各种比例，甚至再加进田园土混合制成而已，没有人工合成出新的物质。因此，人工土是具有不同于人造土、人造植料的全新概念。

三、混合基质

混合基质又称复合基质，是指由两种以上的基质按一定的比例混合制成的栽培用基质。这类基质是为了克服生产上单一基质可能造成的容重过轻、过重，通气不良或通气过盛等弊病，而将几种基质混合使用而产生的。在世界上最早采用的混合基质是德国汉堡的Frushtifer，他在1949年将泥炭和黏土等量混合，并加入肥料，用石灰调整pH后栽培植物，并将这种基质称为“标准化土壤”。美国加州大学、康奈尔大学从20世纪50年代开始，用草炭、蛭石、沙、珍珠岩等为原料，制成混合基质，这些基质以商品形式出售，至今仍在欧美各国广泛使用。

混合基质将特点各不相同的基质组合起来，使各自组分互相补充，从而使基质的各个性能指标达到要求标准，因而在生产上得到越来越广泛的应用。从理论上讲，混合的基质种类越多效果越好，但由于混合基质时所需劳动力费用较高，因此从实际考虑应尽量减少混合基质的种类，生产上一般以2～3种基质混合为宜。

第三节　基质的选用原则及处理

基质是无土栽培中重要的栽培组成材料，因此，基质的选择便是一个非常关键的因素，要求基质不但具有像土壤那样能为植物根系提供良好的营养条件和环境条件的功能，并且还可以为改善和提高管理措施提供更方便的条件。因此，对基质应根据具体情况予以精心选择，基质的选用原则可以从三个方面考虑，一是植物根系的适应性；二是基质的适用性；三是基质的经济性。

（一）根系的适应性

无土基质的优点之一是可以创造植物根系生长所需要的最佳环境条件，即最佳的水气比例。气生根、肉质根需要很好的通气性，同时需要保持根系周围的湿度达80%以上，甚至100%。粗壮根系要求湿度达80%以上，通气较好。纤细根系如杜鹃花根系要求根系环境湿度达80%以上，甚至100%，同时要求通气良好。在空气湿度大的地区，一些透气性良好的基质如松针、锯末非常合适，而在大气干燥的北方地区，这种基质的透气性过大，根系容易风干。北方水质碱性，要求基质具有一定的氢离子浓度调节能力，选用泥炭混合基质的效果就比较好。

（二）基质的适用性

是指选用的基质是否适合所要种植的作物。一般来说，基质的容重在0.5左右，总孔隙度在60%左右，大小孔隙比在0.5左右，化学稳定性强（不易分解出影响物质），酸碱度接近中性，没有有毒物质存在时，都是适用的。当有些基质的某些性状有碍作物栽培时，如果采取经济有效的措施能够消除或者改良该性状，则这些基质也是适用的。例如，新鲜甘蔗渣的C/N比很高，在种植作物过程中会发生微生物对氮的强烈固定而妨碍作物的生长，但经过采用比较简易而有效的堆沤方法，就可使其C/N比降低而成为很好的基质。

有时基质的某种性状在一种情况下是适用的，而在另一种情况下就变成不适用了。例如，颗粒较细的泥炭，对育苗是适用的，对袋培滴灌时则因其太细而视为不适用。栽培设施条件不同，可选用不同的基质。槽栽或钵盆栽可用蛭石、沙子作基质；袋栽或柱状栽培可用锯末或泥炭加沙子的混合基质；滴灌栽培时岩棉是较理想的基质。世界各国在无土栽培生产中对基质的选择均立足本国实际，例如，日本以水培为主，南非以蛭石栽培居多，加拿大采用锯末栽培，西欧各国岩棉栽培发展迅速。我国可供选用的基质种类较多，各地应根据自己的实际情况选择适当的基质材料。决定基质是否适用，还应该有针对性地进行栽培试验，这样可提高判断的准确性。

（三）基质的经济性

除了考虑基质的适用性以外，选用基质时还要考虑其经济性。有些基质虽对植物生长有良好的作用，但来源不易或价格太高，因而不宜使用。现已证明，岩棉、泥炭、椰糠是较好的基质，但我国的农用岩棉仍需靠进口，这无疑会增加生产成本。泥炭在我国南方的贮量远较北方少，而且价格也比较高，但南方作物的茎秆、稻壳、椰糠等植物性材料很丰富，如用这些材料作基质，则不愁来源，而且价格便宜。因此，选用基质既要考虑对促进作物生长有良好效果，又要考虑基质来源容易，价格低廉，经济效益高，不污染环境，使用方便（包括混合难易和消毒难易等），可利用时间长等因素。

（四）基质的作用

1. 支持固定植物的作用　固体基质可以支持并固定植物，使其扎根于固体基质中而不致沉没和倾倒，并有利于植物根系的伸展和附着。

2. 保持水分的作用　能够作为无土栽培使用的固体基质一般都可以保持一定的水分。例如，珍珠岩可以吸收相当于本身重量3～4倍的水分，泥炭则可以吸收保持相当于本身重量10倍以上的水分。固体基质吸持的水分在灌溉期间使作物不致失水而受害。

3. 透气的作用　作物的根系进行呼吸作用需要氧气，固体基质的孔隙存有空气，可以供给作物根系呼吸所需的氧。固体基质的孔隙同时也是吸持水分的地方。因此，在固体基质中，透气和持水两者之间存在着对立统一的关系，即固体基质中空气含量高时，水分含量就低，反之亦然。这样就要求固体基质的性质能够协调水分和空气两者的关系，以满足作物对空气和水分两者的需要。

4. 缓冲的作用　当外来物质或根系本身新陈代谢过程中产生一些有害物质危害作物根系时，缓冲作用会将这些危害化解为无。具有物理化学吸附功能的固体基质都具有缓冲作用，例如蛭石、泥炭等就有这种功能。具有这种功能的固体基质，通常称为活性基质。无土栽培生产中所用的无机固体基质缓冲作用较弱，其根系环境的物理化学稳定性较差，需要生产者对其进行处理，使其能够保持良好的稳定性。

5. 提供营养的作用　有机固体基质如泥炭、椰壳纤维、熏炭、芦苇末基质等，可为作物苗期或生长期间提供一定的矿质营养元素。总之，要求无土栽培用的基质不能含有不利于植物生长发育的有害、有毒物质，要能为植物根系提供良好的水、气、肥、热、pH等条件，充分发挥其不是土壤胜似土壤的作用，还要能适应现代化的生产要求和生活条件，易于操作和标准化的管理。

（五）基质消毒

无土栽培过程中的基质在使用前如果达不到应有的商品规格，

最好进行用前处理，主要措施有：筛选、去杂、清水冲洗去泥、粉碎、浸泡、消毒等。其中基质消毒常用的方法有：

1. 蒸汽消毒 此法简便易行，经济实惠，安全可靠，凡进行温室栽培，又有蒸汽加温条件的都可进行基质的蒸汽消毒。方法是将基质装入消毒箱等容器内，进行蒸汽消毒，或将基质块或种植垫等堆叠一定高度，全部用防水防高温布盖严，通入蒸汽，在70～100℃下，消毒1～5h，杀死病菌，即会取得良好的效果，也可用食用菌常压灭菌锅进行灭菌。具体消毒温度和实践要根据不同基质和蔬菜作物来灵活掌握，如黄瓜病毒等需要100℃才能将其杀死。一般来说，蒸汽消毒效果良好，而且也比较安全，但缺点是成本较高。

2. 太阳能消毒 太阳能消毒是近年来在温室栽培中应用较普遍的一种廉价、安全、简单实用的无土栽培基质消毒方法。具体方法为：夏季高温季节在温室或大棚中，把基质堆成20～25cm高的堆（长、宽视具体情况而定），喷湿基质，使其含水量达到60%以上，并用塑料薄膜盖严，密闭温室或大棚，暴晒10d以上，消毒效果很好。

3. 化学药剂消毒法 该法所用的化学药品有甲醛、威百亩、漂白剂、碳酸、来苏儿、新洁尔灭等。①甲醛：又称福尔马林，是一种良好的杀菌剂，但杀虫效果较差。使用时一般用1%～2%的液体，将培养基质均匀喷湿，喷洒完毕后用塑料薄膜覆盖24h以上，使用前揭去薄膜，让基质风干2周左右，以消除残留药物危害。②威百亩：是一种水溶性熏蒸剂，对线虫、杂草、某些真菌具有杀伤作用。使用时1L威百亩加入10～15L水稀释，然后将基质均匀喷湿，用塑料薄膜密封熏蒸7～10d，使用前晾晒7～8d即可。

（六）基质发酵流程

用于无土栽培基质有很多，园林落叶、枯枝、秸秆、锯末、树皮、刨花等一些工农业废弃物及下脚料都可以，使用时将物料按自身的工艺要求切碎或粉碎到合适尺寸。然后用金宝贝基质土发酵助剂发酵一下，发酵方法如下：

1. 配营养液　用2.5kg尿素兑150～200kg水制成尿素水，均匀地撒到物料上，发酵物料的含水量要求控制在60%～65%。此过程是给微生物配含“氮”营养液（微生物自身繁殖需要“氮”“碳”等营养，尿素含“氮”高）。水分合适与否的判断办法：手紧抓一把物料，见水印但不滴水，落地即散为宜。水少发酵慢，水多通气差，还会导致“腐败菌”工作而产生臭味，切记。

2. 物料建堆　将调节好水分的物料建发酵堆的一般要求：堆高1.2～1.5m（切记不能低于80cm），宽2m，堆的长度可以根据发酵料的多少自由调整，一般长度不要低于2m，单个发酵堆总体积不低于3m^3。

3. 撒料接种　等到尿素水浸透后，上面加盖透气性覆盖物，自然放置24h，第二天把2kg“金宝贝”微生物发酵菌剂与5kg米糠混拌成增量菌剂（即把2kg的发酵剂“稀释”成7kg的料，便于撒匀，同时也是给菌种提供营养），均匀地撒在已堆好的物料堆中，做到边翻、边撒，此过程称为“接种”。

4. 加盖翻倒　接完种后，在大堆上面再加盖透气性覆盖物，应做到遮光、避雨。在正常情况下，发酵处理开始后，经过5～10d发酵，温度可达到55～60℃以上，此时翻动1次，累计2～3次可完成发酵。

5. 发酵完成　正常情况下秸秆及落叶类基质发酵时间为15d左右，锯末类基质25～30d，树皮类30～40d可发酵完成。发酵完成的物料呈黑褐色，手感柔软，易碎，晾干即可作为无土栽培基质使用。

（七）基质复配原则

复合基质也称混合基质，是由两种或几种基质按一定的比例配合而成，基质种类和配比因栽培植物种类的不同而不同。生产上用户常根据作物种类和基质材料配制复合基质，但专用的复合基质由专业公司制作而成。配制复合基质时一般用2～3种单一基质，制成的基质应是容重适宜，增加孔隙度，提高水分和空气含量。同时在栽培上要注意根据复合基质的特性，与作物营养液配方相结合，才有可能充分发挥其丰产、优质的潜能。合理配比的复合基质具有优良的理化特性，有利于提高栽培效果，但对不同作物而言，复合基质应具有不同的组成和配比。前人试验表明：草炭、蛭石、炉渣、珍珠岩按照20∶20∶50∶10混合，适于番茄、甜椒育苗；按照40∶30∶10∶20混合，适于西瓜育苗；黄瓜育苗用50%草炭和50%炉渣混合效果较好。华南农业大学土壤农业化学系研制的蔗渣矿物复合基质是用50%～70%的蔗渣与30%～50%的沙、砾石或煤渣混合而成，无论是育苗还是全期生长效果均良好。比较好的基质应适用于各种作物，不能只适用于某一种作物。如1∶1的草炭、蛭石，1∶1的草炭、锯末，1∶1∶1的草炭、蛭石、锯末，或1∶1∶1的草炭、蛭石、珍珠岩等复合基质，均在我国无土栽培生产上获得了较好的应用效果。

（八）常用配方

配方1：1份草炭、1份珍珠岩、1份沙。

配方2：1份草炭、1份珍珠岩。

配方3：1份草炭、1份沙。

配方4：1份草炭、3份沙，或3份草炭、1份沙。

配方5：1份草炭、1份蛭石。

配方6：4份草炭、3份蛭石、3份珍珠岩。

配方7：2份草炭、2份火山岩、1份沙。

配方8：2份草炭、1份蛭石、1份珍珠岩，或3份草炭、1份珍珠岩。

配方9：1份草炭、1份珍珠岩、1份树皮。

配方10：1份锯木屑、1份炉渣。

配方11：2份草炭、1份树皮、1份锯木屑。

配方12：1份草炭、1份树皮。

配方13：3份玉米秸、2份炉渣，或3份向日葵秆、2份炉渣，或1份玉米芯、2份炉渣。

配方14：1份玉米秸、1份草炭、3份炉渣。

配方15：1份草炭、1份锯木屑。

配方 16：1 份草炭、1 份蛭石、1 份木炭，或 1 份草炭、1 份蛭石、1 份珍珠岩。

配方 17：2 份草炭、3 份炉渣。

配方 18：1 份椰子壳 、1 份沙。

配方 19：5 份葵花秆、2 份炉渣、3 份锯木屑。

配方 20：7 份草炭、3 份珍珠岩。

在配制复合基质时，可预先施入一定的肥料。肥料可用三元复合肥（15－15－15）以 0.25%的比例加水混入，可按硫酸钾 0.5g/L、硝酸铵 0. 25g/L、过磷酸钙 1.5g/L、硫酸镁 0.25g/L 的量加入，也可按其他营养配方加入。在向复合基质加入时，若肥料量大应先将肥料进行粉碎再使用混凝土搅拌器混匀，若肥料量小可用水溶解后再均匀喷入基质中。干的草炭一般不易湿润，可加入非离子湿润剂。

（九）废弃基质的处理和再利用

使用一个生长季或更多生长季的无土栽培基质，由于吸附了较多的盐类或其他物质，因此必须经过适当的处理才能继续使用。通常基质的再生处理分为以下几种方法：

1. 洗盐处理　为了去掉基质内所含的过量盐分，可以用清水反复冲洗基质。在处理过程中，可以通过分析处理液的电导率来进行监控，一般控制在 1.00～2.00mS/cm 即可。洗盐处理的效果与无土栽培基质的性质有着很大的关系，总体来看，阳离子代换量较高的基质的洗盐效果相对较差，而阳离子代换量较低的基质的洗盐效果相对较好。

2. 灭菌处理　对于夹杂有致病菌类的基质，可以采用高温灭菌法、药剂灭菌法进行消毒。适合现代化生产的高温灭菌法为蒸汽法，即将处于微潮状态的基质通入高压水蒸气。这种处理方法效果好，没有污染，但投入较大。此外，还可以凭借暴晒法来进行高温灭菌，在操作时可将被处理基质置于黑色塑料袋中，放在日光下暴晒，注意适时翻动袋中的基质，以使它们受热均匀。一般来说，暴晒灭菌法在夏秋高温时节处理效果最好。这种方法并不需要额外的能源，适用范围较广，但缺点是对天气的依赖性较强，且消毒有时并不彻底。在有些情况下，基质的灭菌处理也可以采用甲醛，用量为每立方米基质加入 50～100mL 的药剂，由于甲醛能够使蛋白质变性，因此对于各种菌类均有很好的灭杀效果。在操作时，可将甲醛均匀地喷洒在基质中，然后覆盖以塑料薄膜，经过 2～3d 后打开塑料薄膜，并摊开基质，使残留的甲醛散发到空气中，否则会对园艺作物的生长产生危害。

3. 离子导入 对于传统无土栽培来说，离子导入这个名词似乎有些陌生，实际上，定期给基质浇灌浓度较高的营养液，就是一个离子导入的过程。除了营养液栽培之外，很多园艺作物固体基质栽培实际上都面临着离子导入的问题。由于植物根系对于矿质营养的吸收在很大程度上是通过离子交换进行的，因此有固体基质存在的环境中，植物的根系都会与其发生离子交换作用而吸收其表面所吸附的阳离子或阴离子。这个过程是一个可逆反应，当它进行到一定程度后，则必须通过含有较高水平的阳离子或阴离子溶液来置换出基质中未被植物根系所释放的相应离子，这就是所谓的离子导入。它与离子交换的不同之处在于此项操作在人工控制下进行。此项技术的应用还处于试验研究阶段。

4. 氧化处理 一些栽培基质，特别是沙、砾石在使用一段时间后，其表面就会变黑，这种现象是由于环境中缺氧而生成了硫化物的结果。在重新使用时，应该将这些硫化物除去。通常采用的方法主要有通风法。即将被处理的基质置于空气中，这时空气中的游离氧会与硫化物反应，从而使基质恢复原来的面貌。除此以外，还可以使用药剂进行处理，例如在某些情况下，可以采用不会造成环境污染的过氧化氢来进行处理。

第四节 基质的选择、储藏和运输

基质出厂后并不是一成不变的，基质中的一些成分会发生化学变化，微生物的活动也会消耗营养，这都会影响到基质的 pH 等质量性状，因此不要提前太长时间去购买基质；但是由于目前国内基质供应商受限于草炭开采能力，还有基质生产能力和运输能力等问题，造成基质供应经常出现紧张的状况，因此建议育苗者提前订购好育苗基质，以免因基质供应不足而影响播种计划。

1. 明确购买基质类型　购买的商品育苗基质的包装袋上应印有下列内容：蔬菜育苗专用、产品名称、商标、有机质含量、总养分含量、相对含水量、净容量、标准号、企业名称、厂址、生产日期、保质期、联系电话、使用方法以及注意事项等。购买育苗基质或其他栽培基质应阅读产品说明，明确其理化性质能满足蔬菜育苗基质的基本要求后方可购买用于育苗。

2. 对基质进行目测　基质各种组分应混合均匀，手感松软，无霉变和结块。优质基质常呈棕色或褐色、色泽一致、粗细均匀、质地疏松柔软、富有弹性、不黏手、杂质少，而劣质基质色泽不匀、较粗糙、显干燥、缺乏弹性、粗细不均、常混杂未分解的树皮或秸秆等杂质。

3. 对基质测试检验　育苗者在育苗前应对每一批基质的 pH 和可溶性盐含量进行测试，如果生产中出现问题，最好请专业的测试实验室对基质进行检验。必须注意的是：育苗过程中的基质环境是动态变化的，基质填充操作、育苗容器容积、水质及浇水方式、基质中加入的营养液等，都会导致秧苗所处的物理和化学环境发生变化，生产中常引起问题的环节是灌溉水的水质和施肥方案，因此，育苗者最好能在育苗过程中定期监测 pH 和可溶性盐含量的变化。

4. 育苗基质应储存于阴凉干燥处　已开袋的商品基质、已混合均匀的自配基质应及时使用。

5. 选择商品基质　目前一些小规模的育苗场或种植大户，常自己购买草炭、蛭石、珍珠岩等原料，按照自己掌握的配方混配基质用于育苗。此举虽可降低成本，但自配基质由于不可能有配套专业的设备而很难混合均匀，不恰当的混合方法或者过度的搅拌还会损坏基质中的有效组分；同时按简单配比加入普通肥料很难形成科学的配方，混配好的基质也因缺乏实验条件进行检验而可能造成基质配比不科学，质量参差不齐，基质质量、一致性和均匀性不好，从而严重影响育苗管理和定植后的栽培管理，最终影响作物的品质和产量，结果往往是得不偿失。因此，建议育苗者尽量选用专业厂商生产的商品育苗基质。

小结

1. 基质的分类 ①按基质的来源分类，可以分为天然基质和人工合成基质两类。如沙、砾石等为天然基质，而岩棉、泡沫塑料、多孔陶粒等则为人工合成基质。②按基质的组成分类，可以分为无机基质、有机基质和化学合成基质3类。沙、砾石、岩棉、蛭石和珍珠岩等都是无机物组成的，为无机基质；树皮、泥炭、菇渣、稻壳、椰糠等是由植物有机残体组成的，为有机基质；泡沫塑料为化学合成基质。③按基质的性质分类，可以分为活性基质和惰性基质两类。所谓活性基质是指具有阳离子代换量或本身能供给植物养分的基质。惰性基质是指基质本身不起供应养分的作用或不具有阳离子代换量的基质。泥炭、稻壳、椰糠等含有植物可吸收利用的养分，并且具有较高的阳离子代换量，属于活性基质；沙、砾石、岩棉、泡沫塑料等本身既不含养分又不具有阳离子代换量，属于惰性基质。④按基质使用时组分的不同，可以分为单一基质和复合基质两类。所谓单一基质是指使用的基质是以1种基质作为植物生长介质的，如沙培、砾培使用的沙、砾石，岩棉培的岩棉，都属于单一基质。复合基质是指由2种或2种以上的基质按一定的比例混合制成的基质。现在生产上为了克服单一基质可能造成的容重过轻或过重、通气不良或通气过盛等弊病，常将几种基质混合形成复合基质来使用。一般在配制复合基质时，以2种或3种基质混合而成为宜。

2. 基质的选用原则 根系的适应性；基质的适用性；基质的经济性。

3. 发酵流程　物料建堆；配营养液；撒料接种；加盖翻倒；发酵完成。

4. 常用的基质　草炭、蛭石、珍珠岩。

5. 基质的消毒常用方法　蒸汽消毒；太阳能消毒；化学药剂消毒。

思考题

1. 下列基质的缓冲能力排序正确的是哪一个？

A、有机基质＞无机基质＞惰性基质

B、无机基质＞惰性基质＞有机基质

C、惰性基质＞无机基质＞有机基质

D、有机基质＞惰性基质＞无机基质

2. 如果要进行基质栽培黄瓜的产业化、规模化开发，你认为要从哪些方面入手？

3. 无土栽培基质的选用原则是什么？常用基质有哪些？

4. 在无土栽培种植时，如果种植黄瓜对基质的要求有哪些？

第五章　黄瓜施肥、灌溉技术

第一节　施肥技术

施肥是满足黄瓜生长发育所需营养元素的重要技术措施。按施肥时期、施肥方式可分为基肥（底肥）、追肥和叶面喷肥 3 种。

一、基肥

基肥（底肥）是黄瓜播种或定植前结合基质混匀施入的肥料。施用基肥可使大棚黄瓜在定植后能及时吸收充足的养料，并为以后的各个生育阶段陆续供给一定的营养。

（一）适宜作基肥的肥料种类

1. 有机肥料

农家肥料：是指含有大量生物物质、动植物残体、排泄物等物质的肥料。农家肥在制备过程中，必须经无害化处理，以杀灭各种寄生虫卵、病原菌和杂草种子，去除有机酸和有害气体，达到卫生标准。主要农家肥料有堆肥、沤肥、厩肥、沼气肥、灰肥、绿肥、作物秸秆、饼肥等。

商品有机肥料：是指肥料生产厂家，按规范的工艺操作生产的商品有机肥。其产品必须是三证（检验登记证、生产许可证、质量标准）齐全，并经有关部门质量鉴定合格。主要包括精制有机肥、微生物肥料、腐殖酸肥料、有机液肥等。

其他有机肥：包括不含合成添加剂的食品、纺织工业的有机副产品、不含防腐剂的鱼渣、牛羊毛废料、骨粉、氨基酸残渣、家畜加工废料、糖厂废料等有机物料制成的有机肥料。

2. 化学肥料

氮肥：常用的氮肥有硫酸铵、碳酸氢铵和尿素。

磷肥：生产上多用水溶性磷肥，主要有过磷酸钙、重过磷酸钙、磷酸铵。

钾肥：常用硫酸钾。

微量元素肥料：种类很多，常用的有硼肥、钼肥、锌肥、锰肥、铁肥和铜肥。

专用复混肥料：目前普遍使用的专用肥多为复混肥，一次施肥就可同时满足黄瓜对氮、磷、钾甚至中量、微量元素的需要。

3. 生物肥料　包括根瘤菌肥、固氮菌肥、解磷菌类肥、解钾菌类肥、芽孢杆菌类肥或几种菌类的复合肥等。增施生物肥料，促进蔬菜吸收利用基质中的营养元素，减少化肥的使用量，同时可活化基质中的氮、磷、钾及镁、铁、硅等元素，对蔬菜高产优质、减轻基质中的障碍因子有独特作用。

（二）施用量

基肥施用数量要根据基质肥力的高低来确定。当基质中速效氮、磷、钾和微量元素低于黄瓜生长需肥临界值时，就要首先选择化学肥料补充基质肥力不足。有机质低于1.2%时，必须每亩施用 $3m^3$ 以上的有机肥料，才能满足作物生长需要。化肥具体施肥量则要根据黄瓜品种、目标产量、当地施肥水平和基质肥力情况相应调整，一般情况下每亩施尿素40～75kg、过磷酸钙50～100kg、硫酸钾20～40kg。

生产上如果以商品有机肥代替鸡粪作基肥使用，一般每亩用量在300～1 000kg，基质状况较差的可适当增加用量。

使用3年以上的基质可适当增施生物有机肥，一般每亩用量在100～300kg，使用5年以上的基质应适当减少化肥用量，增加生物有机肥用量。

微量元素对黄瓜的生长发育起着大量元素（如氮、磷、钾等）无法替代的作用，一旦某种微量元素缺乏，黄瓜就会表现出相应的缺素症状，但许多微量元素从缺乏到过量之间的临界范围很窄，如果施用微肥的量过大或不均匀，往往会对黄瓜产生毒害作用。下面是常用微肥作基肥在大棚黄瓜上的每亩安全用量。

铁肥（硫酸亚铁）：施用量1～3.75kg。

硼肥（硼砂或硼酸）：施用量0.75～1.25kg，2～3年1次。

锰肥（硫酸锰或氯化锰）：施用量1～2.25kg，2～3年1次。

铜肥（硫酸铜）：施用量1.5～2.0kg，1～2年1次。

锌肥（硫酸锌）：施用量0.25～2.50kg，1～2年1次。

钼肥（钼酸铵）：施用量30～200g，3～4年1次

二、追肥

大棚黄瓜定植后，为了满足其生长发育的需要，往往需要较多的追肥，追肥量一般约占黄瓜全生育期总施肥量的1/3甚至更多。常用的追肥施用方法有以下两种。

（一）随水冲施

冲施就是把固体的速效化肥溶于盛水的桶、盆等容器中，通过肥水结合，让可溶性的氮、钾等养分渗入基质中，被作物根系吸收，是目前最常用的一种追肥方式。

冲施肥法的主要优点：①施肥均匀，便于黄瓜根系的吸收；②肥料均匀分布于基质中，不发生肥害；③不开沟，不挖穴，不伤根系；④该施肥方法适宜于所有的基质栽培形式；⑤用法简单，省工省时，劳动量不大。

缺点：这种方法浪费的肥料较多，施肥的均匀性难以保证，在黄瓜根系达不到的基质深层，也会渗入部分肥料造成浪费，肥料利用率只有30%～40%，甚至更低。

1. 肥料种类　从肥料化学性状及内在营养成分上主要划分为3种：①有机型，如氨基酸型、腐殖酸海洋生物型等；②无机型，如磷酸二氢钾型、高钙高钾型等；③微生物型，如光合细菌型、酵素菌型等。另外，市场上还有一种将有机、无机、生物等原材料科学地加工、复配在一起而生产的新型冲施肥，属于复合型制剂。

只有水溶性的肥料方可随水施用，氮肥中常用尿素、硫铵和硝铵；钾肥有氯化钾和硫酸钾，也可用硝酸钾。而磷肥种类即使是水溶性的磷酸一铵和磷酸二铵，也不要冲施，其原因是磷肥的移动性差而不能随水渗入根层，磷肥的施用只能埋入基质中。

2. 追肥量　每次追肥量可参照黄瓜生长需肥量来确定。不计基肥养分的量追肥时，一般每亩目标采收量为100kg，亩施用纯氮（N）0.4kg、纯磷（P_2O_5）0.35kg、纯钾（K_2O）0.55kg，据不同追肥品种进行折算，如折合碳酸氢铵1.5kg、过磷酸钙2.9kg、硫酸钾1.1kg，扣除基肥养分的供给量时，应根据黄瓜生长期长短和不同采收量，适当扣除基肥供养分量。

3. 注意事项　大棚内冲施肥应注意以下几点。

（1）有机肥与无机肥相结合　不少农民无论冲施，还是追施，均以化肥为主。虽然有些冲施肥含有腐殖酸，但无机肥多以硝酸铵、尿素等氮肥为主，短期内黄瓜长势好，但缺乏长期效应；也有些冲施肥以饼肥（麻籽饼、棉饼、豆饼）和磷酸二铵（或硝酸铵）为主，效果欠佳，原因是饼肥发酵需一定的时间。

（2）大水与小水冲施相结合　不少农民无论苗期、结果期均以大水冲施，使得肥水过大，引起苗病、烂根、沤根。无论生物肥、有机肥，还是化肥都要看苗用肥，合理用量，并且肥水过后及时疏松基质。

（3）生物肥与化肥相结合　生物肥料含有十几种有益菌，具有活化基质，调节养分的功效，与无机肥（化肥）配合施用，能解除肥害，增加基质有机质，促进根系发育。

（4）冲施肥　冲施肥在使用过程中要根据种植区内的基质供肥能力、底肥施用量以及所种作物的需肥特点，确定适合的冲施肥种类。其次是详细阅读所选购冲施肥的使用说明书，掌握适合的施肥时期、施用量和施用方法，不可凭以往的施肥经验而自作主张，以免造成不必要的损失。

（二）滴灌施肥

滴灌施肥是将施肥与滴灌结合起来的一种新的农业技术。滴灌是滴水灌溉的简称，它利用一整套系统设备，将灌溉水加低压（或利用地形落差自压）、过滤，通过管道输送到滴头，使灌溉水呈水滴状，均匀而缓慢地滴入到作物根区附近的基质表面或基质内，适时、适量地向作物根区供应水分，以经常保持适宜于作物生长的最优水分状态，而作物株、行间根区以外的基质仍然保持较干燥的状态。滴灌可将可溶性肥料随水施到作物根区。凡采用滴灌设施浇水的黄瓜大棚均采用这一方式追肥。

优点：①适时、适量地直接把肥料施于根系集中层，少施、勤施，使施肥达到定时、定位，便于作物吸收，减少损失，充分发挥肥效。②以少量多次的方式向作物提供养分，可满足作物整个生长期对养分的需求。③可根据作物生长期营养特性的变化，对供给的养分进行调控。④肥料几乎不挥发、无损失，肥料虽然集中，但浓度小，因而既安全，又省工省力，效果很好。滴灌施肥肥料利用率达80%以上。

缺点：选用的肥料必须水溶性好，若肥料溶解不充分，易造成灌溉系统堵塞。

1. 滴灌施肥对肥料的要求

（1）为防止滴头堵塞，要选用溶解性好的肥料，如尿素、磷酸二氢钾等　施用复合肥时，尽量选择完全速溶性的专用肥料。需施用不能完全溶解的肥料时，必须先将肥料在盆或桶等容器内溶解，待其沉淀后，将上部溶液倒入施肥罐进入滴灌系统，剩余残渣施入基质中。

（2）一般将有机肥和磷肥作基肥使用　因为有的磷肥如过磷酸钙只是部分溶解，残渣易堵塞喷头。

（3）要选择对灌溉系统腐蚀性小的肥料　如硫酸铵、硝酸铵对镀锌铁的腐蚀严重，而对不锈钢基本无腐蚀；磷酸对不锈钢有轻度的腐蚀；尿素对铝板、不锈钢、铜无腐蚀，对镀锌铁有轻度的腐蚀。

（4）追肥的肥料种类必须是可溶性肥料，要求纯度较高，杂质较少，溶于水后不会产生沉淀，否则不宜作追肥　一般氨氮肥和钾肥选用符合国家标准或行业标准的尿素、碳酸氢铵、硫酸钾、氯化钾等。补充磷素一般采用磷酸二氢钾等可溶性肥料作追肥。追补微量元素肥料，一般不能与磷素追肥同时使用，以免形成不溶性磷酸盐沉淀，堵塞滴头或喷头。

2. 膜下滴灌施肥技术的操作方法

（1）肥料品种的选择　利用滴灌施肥也要按作物对养分的需求选择合适的肥料种类，黄瓜在生长中后期既要使植株具有一定的营养生长势，又要确保瓜果具有较好的品质，一般选用尿素、磷酸二氢钾等提供大量元素，选择水溶性多效硅肥、硼砂、硫酸锰、硫酸锌等提供中、微量元素。其中，微量元素也可直接用营养型叶面肥，如肥力宝等。具体选用什么肥料要根据基肥和植株长势确定。

（2）配制肥料溶液　肥料溶液可根据施肥方法配制成高浓度和低浓度两种溶液。高浓度溶液就是将尿素、磷酸二氢钾等配制成5%～10%的水溶液，微量元素配制成1%～2%的水溶液，低浓度溶液就是将尿素、磷酸二氢钾等配制成0.5%～1%的水溶液，中、微量元素配制成0.1%～0.2%的水溶液直接施用。

（3）肥料用量及混用　每次每亩施尿素3～4kg，每次每亩施磷酸二氢钾1～2kg，这两种肥料也可混合施用。中、微量元素一般每一种肥料在一季作物中不能超过1kg。

（4）施肥方法　当用高浓度溶液进行施肥时可与灌水同时进行，即打开施肥器吸管开关，使肥液随水流进软管，肥液的流量用开关控制；用低浓度溶液直接施肥时，将灌水阀门关闭，打开施肥器吸管的开关，把过滤器固定在肥液容器底部，接通肥液即可施肥。

（5）注意事项　配制的肥液不应含有固体沉淀物，防止滴孔堵塞；高浓度肥液流量要控制好，不宜太大，防止浓度过高伤害作物根系；施肥结束要关闭吸管上的开关，打开阀门继续灌水数分钟，以便将管内残余肥料冲净。

三、叶面喷肥

叶面喷肥指将配制好的肥料溶液直接喷洒在黄瓜茎叶上的一种施肥方法。

（一）黄瓜采用叶面追肥的好处

（1）叶面追肥可使黄瓜通过叶部直接获取有效养分，而采用根部追肥时，某些养分常因易被基质固定而降低植株对它们的利用率。

（2）叶部养分吸收转化的速度比根部快；以尿素为例，根部追施 4～5d 才能见效，叶面喷施当天即可见效。

（3）叶面追肥可以促进根部对养分的吸收，提高根部施肥的效果。

（4）叶面喷施某些营养元素后，能调节酶的活性，促进叶绿素的形成，使光合作用增强，有利于改善品质，提高产量。总之，叶面追肥是一种成本低、见效快、方法简便、易于推广的施肥方法。但黄瓜吸收矿质营养主要靠根部，叶面追肥只能作为一种辅助手段，生产上仍应以根部施肥为主；采用叶面追肥时，必须在施足基肥并及时追肥的基础上进行，只有这样，才能取得理想的效果。

（二）适合作叶面追肥的肥料种类

适合作叶面追施的肥料通常称作叶肥、叶面肥或叶面营养液。按成分可分为氮肥、磷肥、钾肥、磷钾复合肥、氮磷钾复合肥、微肥、稀土微肥以及加入植物生长调节剂的叶面肥料等；黄瓜上常用的叶面肥有尿素、硫酸钾、过磷酸钙、磷酸二氢钾、硼砂、钼酸铵、硫酸锌、蔗糖、稀土微肥以及草木灰浸出液等。这些肥料具有性质稳定、不损伤叶片等特点。黄瓜叶面追肥以氮、磷、钾混合液或多元复合肥为主。

（三）黄瓜叶面追肥应注意的问题

1. 喷洒浓度要合适 叶面追肥一定要控制好喷洒浓度，浓度过高很容易发生肥害，造成不必要的损失。特别是微量元素肥料，黄瓜从缺乏到过量之间的临界范围很窄，更要严格控制；浓度过低则得不到应有的效果。

2. 喷洒时间要适宜　影响叶面追肥效果的主要因素之一是肥液在叶面上的湿润时间；湿润时间越长，叶面吸收的养分越多，效果也就越好。因此，叶面追肥一定要根据天气状况，选择适宜的喷洒时间，大棚栽培一般以晴天上午10时以前为最好。

3. 肥料混用要得当　叶面追肥时，将两种或两种以上的叶面肥合理混用，其增产效果会更加显著，并能节省喷洒时间和用工。但肥料混合后必须无不良反应或不降低肥效，否则达不到混用的目的。另外，肥料混合时还要注意溶液的浓度和酸碱度；一般情况下，溶液的pH在6～7时有利于叶部吸收。

4. 注意喷洒质量　叶面追肥要求雾滴细小，喷洒均匀，尤其要注意喷洒生长旺盛的上部叶片和叶片的背面。因为新叶比老叶、叶片背面比正面吸收养分的速度快，吸收能力强。

5. 叶面肥不能代替化肥　黄瓜生长发育所需的基本营养元素主要来自于基肥和其他方式追施的肥料，根外追肥只能作为一种辅助措施，因此，喷洒叶面肥后也必须注意氮、磷、钾化肥的施用。

6. 根据生育时期选用适宜叶面肥　黄瓜生长初期，为促进生长发育，应选择调节型叶面肥。若作物营养缺乏或生长后期根系吸收能力衰退，应选用营养型叶面肥。

7. 需要选用正规厂家的叶面肥　目前一些冒牌或非正规厂家生产叶面肥常混有不明成分的生长促进剂或延缓剂，使用后极易发生危害。比较明智的方法是使用前先小面积试用，或按提供的电话进行联系，若为空号或不能提供保证就不要再使用。

（四）黄瓜二氧化碳气肥的施用

在现代设施园艺生产中，为达到高产优质栽培的目的，还可适当补充二氧化碳气肥。施用时应遵循以下原则：①晴天多施，阴天不施；②施用的温室白天要适当增温1～2℃；③适当提高湿度（包括土壤湿度），以利于提高光合作用、加快作物生育；④防止施用CO_2后出现的早衰：在停止施用CO_2的方法上，应逐渐降低使用浓度，逐渐停止施用，避免突然停止施用。

第二节 灌溉技术

一、看苗浇水

利用黄瓜外部形态表现，来判断基质含水分多少看该不该浇水。育苗期叶片发黄，出现沤根，一般是地温低，水分过大所致；叶色绿、根色白，胚轴下不定根发生正常，说明温湿度适合；成株期，瓜秧深绿，叶片有光泽，绿而平，秧头舒展，卷须伸展卷曲适度，开花节位离生长点 40～50cm，说明水分正常；秧头不舒展，叶包被较紧，开花节位距生长点 20～30cm，说明缺水；生长紧缩，出现花打顶，卷须短瘦且提早卷曲，说明严重缺水。秧头抬起卷须粗直，叶大而薄，开花节位距生长点 50～60cm 以上，为水分过多的表现。看苗掌握水分情况进行适时浇水。

二、按照生育阶段浇水

黄瓜按不同生育期浇水是一般的规律。如始瓜期植株矮小，叶面蒸腾量小，瓜数也少，通风量也小，一般 5～7d 浇 1 次水，浇水必须膜下轻浇；盛瓜期随着植株蒸腾量增大，结果数量增多，通风量增大，一般 3～4d 浇 1 次水，并增大浇水量；末瓜期植株趋于衰老，应酌情减少浇水次数和浇水量。采瓜期浇水应选在采瓜前浇水，这样使水多供果少供秧，有利于增重和提高鲜嫩程度，又可避免空秧浇水导致的疯长。

三、根据气候特点浇水

冬季浇水一般要选择晴天，浇后最好能有几个连续晴天。一天之中，冬天或早春浇水应放在上午。这时不仅水温、地温差距较小，地温容易恢复，而且还有充分的时间排湿。一般不宜在下午、傍晚，特别是阴雨天浇水，否则易造成棚内湿度过大，引起病害大发生。中午也不宜浇水，以免高温浇水影响根系生态机能。夏秋季节应选在早晚浇水，这时天气炎热，大棚可昼夜通风，以便降温。

四、使用先进科技浇水

1. 喷灌　喷灌是利用水泵加压或自然落差将灌溉水输送到设施内，并喷射到空中分散成细小的水滴，像天然降雨一样进行灌溉，为作物正常生长提供水分的一种灌溉方法。一般由水源工程、首部装置、输配水管道系统和喷头组成。

喷灌的优点：①不会产生地表径流和深层渗漏，灌水均匀度高，水分利用系数可以达到0.72～0.93，一般比地面灌溉节水30%～50%。②机械化程度高，节省劳动力，较地面灌溉节省土地7%～13%。③可以通过雾化程度和喷灌强度的选择，避免破坏基质团粒结构，不产生冲刷，避免基质养分流失。④喷灌还可以调节设施内的小气候条件，增加近地面空气湿度，调节温度和昼夜温差，避免干热风、高温及霜冻的危害。

喷灌的缺点：风对喷洒作业影响较大，一般风力大于3级时喷灌的均匀度就会大大下降。在干旱、多风及高温的区域或季节应用时，漂移蒸发损失大；雾化程度越高，蒸发损失越大。设备投资高，能耗大，运行费用高也是其缺点。

2. 滴灌　滴灌是利用管道系统将水直接输送到每棵植物的根部，由每个滴头以小水滴直接滴在根部上的基质中，然后渗入基质并浸润作物根系主要分布区域的灌溉方法。滴灌在设施生产中得到了大面积推广应用。滴灌系统由水源工程、首部枢纽、输配水管网和灌水器4部分组成。

滴灌的优点：①节约用水，提高水分利用效率。滴灌属于局部灌溉，可根据作物的水分需求精确地进行灌溉。由于灌溉水只湿润作物主要根系分布区域，减少了下渗损失；只湿润部分基质，从而大幅度减少了地面蒸发；滴头的灌水速率一般小于基质入渗速率，因而避免了径流损失。没有水分的漂移损失和输送及喷洒中的蒸发损失。所以滴灌一般比地面灌溉节约用水30%～50%，有些作物可达80%左右，比喷灌省水10%～20%。②提高肥料利用率。滴灌系统可以在灌水的同时进行施肥，实现水肥一体化，而且可根据作物的需肥规律与基质养分状况进行精确施肥和平衡施肥，同时滴灌施肥能够直接将肥液送至作物主要根系活动层范围内，作物吸收养分快又不产生淋洗损失，减少对地下水的污染，因此滴灌系统可以大大减少施肥量，提高肥效，比常规施肥节省50%以上。③节省能源，减少投资，易于实现自动化。滴灌系统为低压灌水系统，比喷灌更易实现自压灌溉，采用管道的管径也较喷灌和微喷灌小，降低了泵站的能耗，减少了管道投资和运行费用。滴灌系统比其他灌水系统便于实现自动化控制，在经济价值高、需要劳力较多的蔬菜上应用意义更大。④其他作用。如可以降低设施内空气湿度，减少病虫害的发生；增加灌水器压力补偿装置，可减少对压力变化的灵敏性，提高灌溉的均匀度和对坡地等复杂环境的适应性。

滴灌的局限性：在滴灌技术的使用过程中，反映最为强烈的是系统堵塞问题。应用中如管理不当，极易引起滴头的堵塞，影响灌水的均匀性，堵塞严重时可能使滴灌毛管全部废弃。在干旱地区采用硬度较高的水灌溉时，盐分可能在滴头湿润区域周边产生积累，易于被淋洗到作物根系区域，影响种子发芽、根系的生长及对水肥的吸收。结合定期大水灌溉可以避免盐分积累的问题。

滴灌系统堵塞原因及其处理方法：滴灌系统堵塞既有系统本身的设计、安装和设备选型的问题，如滴头流道尺寸较小，过滤器不匹配等，也包括很多其他的因素，如物理因素、化学因素、生物因素等。

物理因素主要是指包括一些有机、无机悬浮物对系统的影响。无机悬浮物一般由沙粒、淤泥等组成；有机悬浮物包括浮游生物、枯枝、落叶及藻类等。对于物理因素引起的堵塞，可以通过沉淀池或沙石过滤等措施预先处理灌溉水。

化学因素指灌溉水中化学沉淀物造成的堵塞。随水施肥时未完全溶解的肥料，灌溉水中溶解的无机物质（包括肥料）结晶析出后可能停留在管网及各组成部分。对pH超过7.5的硬水，或碳酸钙的饱和指标大于0.5且硬度（浓度）大于300mg/L时，也存在堵塞的危险。在南方，pH较小的水中，当含铁量较高时，易形成金属氢氧化物沉淀而堵塞滴头等。对于由 pH 较大的硬水引起的堵塞，可以采用酸液冲洗的办法进行处理；而由于铁、锰等引起的堵塞，一般可以通过增加曝气池进行曝气处理，使铁、锰等先被氧化、沉淀而避免进入系统。随灌溉系统施肥后，要继续灌一段时间的清水，冲洗掉系统中存在的肥料残液，可以避免肥料结晶析出造成的堵塞。

生物因素主要是由于藻类植物的滋生，细菌、浮游动物等引起的堵塞。要防止这种堵塞现象的发生，最重要的是切断这些生物的食物链环节。例如，毛管采用加炭黑的聚乙烯软管，使其不透光；对于滴灌施肥系统来说，施肥后的清水冲洗，可以将滴头处的养分全部带出，避免创造藻类滋生的环境。

此外，在系统安装、检修时，若采用的方法不当，管道屑末或其他杂质可能从不同的途径进入管网系统引起堵塞。对于这种堵塞，一方面要加强管理，在安装、检修后应及时用清水冲洗管网系统，排出可能的堵塞物后再安装滴灌带或灌水滴头；另一方面要加强过滤设备的定期清洗、检修与维护。

小结

施肥是满足黄瓜生长发育所需营养元素的重要技术措施。施肥的方式：基肥（底肥）、追肥和叶面喷肥 3 种。

基肥（底肥）是黄瓜播种或定植前结合基质混匀施入的肥料。施用基肥可使大棚黄瓜在定植后能及时吸收充足的养料，并为以后的各个生育阶段陆续供给一定的营养。

大棚黄瓜定植后，为了满足其生长发育的需求，往往需要较多的追肥，追肥量一般约占黄瓜全生育期总施肥量的 1/3 甚至更多。常用的追肥方法有以下 2 种：随水冲施、滴管施肥。

叶面喷肥指将配制好的肥料溶液直接喷洒在黄瓜茎叶上的一种施肥方法。

浇水原则：①看苗浇水，利用黄瓜外部形态表现，来判断基质含水分多少该不该浇水；②按照生育阶段浇水，黄瓜按不同生育期浇水是一般的规律；③根据气候特点浇水；④使用先进科技浇水。

主要浇水方法有2种：喷灌和滴灌。

思考题

1. 简述施肥方式。
2. 简述追肥施用方法。
3. 简述滴灌系统。
4. 哪些肥适合做基肥？分别有什么特点？

第六章　黄瓜的化促化控技术及LED补光技术

第一节　化促化控技术

黄瓜生长发育早，且边长茎叶边开花结瓜，短期内要形成大量的产量，因而最容易发生营养生长和生殖生长的矛盾。利用植物生长调节剂或具有促进和抑制生长的物质，对植株的根茎叶生长和花芽分化及开花结果进行有效控制，对实现黄瓜稳产高产就显得非常重要。

一、促进花芽分化

促进花芽性型分化有两个目标：一是促进雌花分化，增加雌花比率；二是促进雄花发生，解决雌花系品种的繁殖问题。

（一）促进雌花分化

高温长日照不利于雌花分化，往往雌花晚出现，雌花占有的比率低，且连续分布也不好，瓜秧容易徒长。这种情况往往在两个时间容易遇到：一是需要在夏季或秋初育苗的，如夏秋茬、秋茬、秋延晚茬、秋冬茬。二是早春日光温室育苗晚、直播，或有加温设备采用缩短育苗时间的。在这种情况下，或由于温度高、日照时间长，或有意无意地提高夜间管理温度，茎叶生长快，花芽分化倾向于雄花，不利于雌花形成，此时就需要利用乙烯利、黄瓜增瓜灵、萘乙酸、吲哚乙酸等来促进雌花分化。有时倍量浓度的叶面肥通过对茎叶的生长抑制，从而起到引导雌花发生的作用。

促进雌花发生有时还用于制种工作，为了减少母本摘除雄花的麻烦，通常用乙烯利等促进雌花的发生，减少雄花生成。

目前在利用促进雌花分化技术常见的失误有以下几种：一是冬季育苗时，低温短日照已经有利于雌花的分化，但出于“不放心”，又喷洒乙烯利、增瓜灵等，产生的雌花格外多，不仅影响了茎叶生长，还会因养分分配不足，或迟迟不甩瓜，或结出的多为畸形瓜，这种情况的危害在早熟品种表现尤为突出。二是促进雌花分化的药剂都有明显抑制茎叶生长的作用，施用浓度过大、用药量过多还会发生药害。

（二）促进雄花分化

促进雄花分化主要用于雌花系品种的保种。赤霉素具有与乙烯利相反的诱导作用，它能抑制雌花分化，促进雄花发生。赤霉素对雄花的诱导作用不论在高温长日照下，还是在低温短日照下都有良好的效果。但在低温短日照时使用的浓度需要更高些。

二、保花保瓜

当茎叶生长繁茂发生落花落果，或雌花过多迟迟不甩瓜时，通常可以用赤霉素涂抹选中的瓜纽，瓜条生长加快就可以改变植株体内养分分配方向，使黄瓜倾向于结瓜，从而使茎叶旺长受到抑制。发现植株徒长落花落果时，首先要抑制茎叶徒长。

三、茎叶生长调控

喷洒药剂可以对黄瓜的茎叶生长产生促进、抑制和延缓衰老的作用。

（一）促进茎叶生长

茎叶生长可能因为药害（包括除草剂危害）、肥害、气体危害、根系受伤等原因受到抑制，甚至出现花打顶。遇到这种情况，挽救工作要分四步走：①减负，就是将植株上瓜纽摘除大部或全部，遏制生殖生长的强势。②要寻找出抑制茎叶生长的原因，一一对应化解，如喷用解毒壮苗1号＋植物多效生长素、植物动力2003、细胞分裂素等解除农药药害；喷用抗病威（病毒K）、仙科等解除除草剂的药害；灌用萘乙酸＋爱多收刺激不定根的发生和群根的更新。③追肥浇水满足肥水供应，而后再喷洒赤霉素三十烷烃醇等促进茎叶快速生长。④在满足肥水供应的前提下，提高温度，特别是提高夜间温度能更好地发挥生长促进剂的作用。

（二）抑制茎叶徒长

茎叶发生徒长影响花芽分化和正常开花结瓜时，需要设法控制茎叶生长，控制茎叶生长首先适当降低夜温，在此基础上再喷用助壮素、比久、矮壮素等进行控制，使茎叶的生长受到抑制，生殖生长得以发展。也有喷用浓度增大1倍以上的叶面肥和生长调节剂，如绿风95、微量元素肥料等，喷后叶片可能扭曲下垂，茎叶生长明显受到抑制，1周后会自行恢复，此后就会出现意想不到的效果。

在控制黄瓜茎叶徒长上经常容易见到一些错误的做法：一是喷用多效唑。多效唑虽然对茎的抽长生长有很好的抑制作用，但瓜条的抽长生长也同时被抑制，群众形容这一后果是“武二郎变成武大郎”。二是喷用防落素保花保果，使用不当往往造成叶片变小扭曲，整个植株看起来像遭到红蜘蛛危害的豇豆秧子。

（三）保持茎叶健壮旺盛

保持茎叶健壮生长、延长功能叶的寿命对延长结果期、增加产量尤为重要。某些植物生长调节剂如芸薹素内酯（云大120、天然芸薹素481）、黄腐酸盐等有着较好的作用。

四、促进不定根发生和根群更新

黄瓜茎叶繁茂，根系相对不发达且又脆弱，容易受到温度等不良环境的影响，同时根系也有一定的生命周期，所以，一旦发生寒根、沤根或出现生理性衰老，就会直接影响到茎叶生长，从而导致歇秧。在黄瓜根系因灾害受损或生理性衰老出现群发性根系无力时，如越冬一大茬黄瓜在1月低温寡照后，在持续结果40～50天时，就要提早通过灌萘乙酸＋爱多收，或者冲施黄腐酸盐＋萘乙酸等，以促使不定根发生和完成根系更新，这样就比等待其自然恢复要大大节约时间，从而避免歇秧或歇秧时间过长。

第二节　LED补光技术

我国冬季光照强度一般在30 000lx以内，而温室由于结构、覆盖材料等因素的影响，光照强度仅为露地的50%～70%，有些甚至低于50%，这与黄瓜生产发育所需的光饱和点（55 000lx）相差甚远，成为黄瓜越冬生产的限制因子，但可以通过人工补光的方式来弥补。黄瓜设施补光可分为日长补光和栽培补光。日长补光即光周期补光，用以满足作物光周期的需要，为了抑制或促进作物花芽分化，调节开花期；栽培补光是作为光合作用的能源，补充自然光的不足。

传统人工补光光源主要有白炽灯、荧光灯、高压钠灯、低压钠灯、氙灯、金卤灯等。由于传统人工光源的主要光谱与植物光合作用两个吸收峰不吻合，并且存在成本高、光效低、寿命短等问题，使传统补光灯在推广中受到了限制。随着科学技术的不断发展，LED灯因其能耗低、无污染、不易碎、耐振动等优点在温室大棚补光技术中得到广泛的应用。

一、基本概述

LED是英文Light Emitting Diode的缩写，又称为发光二极管。LED补光灯发光的关键是小电流驱动半导体器件发光。在许多场合都可以用到LED补光灯，比如家庭和办公场所的照明、夜间的景观彩色照明以及道路夜间照明等等。LED补光灯相较于荧光灯、白炽灯、高压钠灯具有以下优点：

（1）直流低压供电，远小于安全电压；

（2）能耗低，节省光补偿费用；

（3）没有重金属污染，固体发光，连废弃物都可回收，属于环保绿色光源；

（4）使用寿命较长，普通的 LED 补光灯使用寿命可达到 100 000h；

（5）不易碎，耐振动，很适合在设施种植方面使用。

综合来看，LED 补光灯具有非常明显的优势。

二、补光类型

按照 LED 光源在温室内的悬挂方式可将温室补光分为三类，即温室顶部悬挂补光、冠层近距离悬挂补光和落地式垂直补光。实践中，采取哪类补光方式主要取决于温室园艺作物生产方式、作物种类及其冠层体积及空间分布特征，需要多种专用的 LED 光源装备来充当执行机构，LED 光源设计和配光的高自由度优势恰好能够满足这一需求。

（一）温室顶部悬挂补光

温室顶部悬挂补光是最早出现的补光方法，传统光源如高压钠灯、镝灯通常是采用此方法补光的，通常光源距离冠层的距离在 1.2m 以上。该方法优点是可充分隔绝光源（如高压钠灯）向下热量对作物的热损伤，照射面积大；通常用于大功率（几百瓦以上）光源的温室补光。然而，这种补光方法光能衰减严重，补光效率相对较低。目前，仅有少量较大功率 LED 光源问世。

（二）温室作物行间补光

温室作物行间补光是指将 LED 光源置于两行作物冠层之间进行补光的方法，通常可同时对两侧作物的冠层进行同时补光。这种补光方式优势明显，光源贴近叶片，光生物光效高，可有效补充作物冠层光合作用活跃区叶片的光照，提高冠层的光合速率，光合产物可近距离运输到果实，增产潜力较大；LED 光源可上下自由悬挂移动，调适性高，适合黄瓜等高大植株多段式栽培使用；LED 光源可采取上下散热方式，在补光的同时可为冠层加温。

（三）温室冠层上补光

温室冠层上补光是指将 LED 光源悬挂置于作物冠层上表面的补光方法。该补光方式优势明显，光源贴近叶片，光生物光效高，可有效补充作物冠层顶部生长最活跃区叶片的光照，提高冠层的光合速率；LED 光源可随植物冠层高低上下自由悬挂移动，调适性高，适合高密度栽培作物群使用；LED 光源散热可为冠层加温。但是，高密度栽培作物冠层内的叶片因相互遮阴削减了光照强度和光质，难以很好地对冠层下层叶片光照进行补光。研究表明，高强度白光条件下添加绿光可提高光源冠层穿透力，冠层植被下层叶片受益。

（四）温室冠层内补光

温室冠层内补光是指将 LED 灯具置于冠层内部为作物补光的方法。该方法具有 LED 光源周围 360°均为作物叶片的特征，适宜多角度 LED 灯具的使用，光能利用效率高。研究表明，在冠层顶部光照系统，下部植被中的紫光和蓝光辐射减少了初始值的 60%。冠层内照明的辐射环境稳定性推迟叶片衰老超过 27d，而冠层顶部光照系统内部叶片在 16d 开始泛黄。冠层内照明植物群灯具每单位电能消耗生产了冠层顶部照明 2 倍的可食生物量。

（五）温室落地垂直补光

温室落地垂直补光是指 LED 灯具被置于地面，垂直向上设置，侧向照射植物冠层的方法。该方法不需要悬挂装置，移动方便，立体补光，更有利于冠层下部叶片的光合作用，延迟其衰老进程。

（六）温室立体多层补光

立体栽培在温室中日益流行，采用立体床架结构作为支撑，多层种植蔬菜。因上面层架及蔬菜的遮挡，低层蔬菜获得的光照较顶层明显下降，需要进行人工补光，称之为温室立体多层照明。此照明技术要求智能化管控，充分利用自然光资源的基础上进行节能补光。同时，各层次之间因自然光多少各异，补光也应有所差异。因此，温室立体多层照明较其他补光方法更为复杂精准。

三、补光原则

温室植物 LED 补光原则包括以下几条，应尽量满足该原则以提高补光效率。

（一）贴近原则

LED光源应通过机械悬挂或固定，在保证一定有效照射面积基础上其位置应尽量贴近冠层叶片，减少因距离拉大导致的光衰减。

（二）照射面积原则

LED光源应有一定的有效冠层照射面积，过高或过低的照射面积将影响光强及其补光效果。

（三）垂直叶片原则

通常补光是针对黄瓜进行，所以应以果实为中心的活性叶片群优先补光，这样不仅可提高补光光合效率，也可减少光合产物运输距离，更有效促进增产。

（四）动态原则

环境因子耦合控制原则。

小结

黄瓜生长发育早，且边长茎叶边开花结瓜，短期内要形成大量的产量，因而最容易出现营养生长和生殖生长的矛盾。利用植物生长调节剂或具有促进和抑制生长的物质，对植株的根茎叶生长和花芽分化及开花结果进行有效控制，对实现黄瓜稳产高产显得非常重要。

促进花芽性型分化有两个目标：一是促进雌花分化，增加雌花比率；二是促进雄花发生，解决雌花系品种的繁殖问题。

我国冬季光照强度一般在30 000lx以内，而温室由于结构、覆盖材料等因素的影响，光照强度仅为露地的50%～70%，有些甚至低于50%，这与黄瓜生产发育所需的光饱和点（55 000lx）相差甚远，成为黄瓜越冬生产的限制因子。

随着科学技术的不断发展，LED灯因其能耗低、无污染、不易碎、耐振动等优点在温室大棚补光技术中得到广泛的应用。

温室植物 LED 补光原则包括以下几条，应尽量满足该原则以提高补光效率：一是贴近原则；二是照射面积原则；三是垂直叶片原则；四是动态原则。

思考题

1. 简述黄瓜化促化控技术的技术要点及其对黄瓜栽培的作用。
2. 简述设施黄瓜对光环境的要求及 LED 补光方法。

第七章　设施黄瓜病虫害识别与防治

第一节　生理性病害症状识别及治理

一、缺氮

主要症状为叶片小，上位叶更小，从下向上逐渐顺序变黄；叶脉突出，后扩展至全叶；坐果少、膨大慢。极度缺氮时，叶绿素分解而使叶片呈浅黄色，全株变黄，甚至白化。茎细变硬纤维多，最后全株死亡。果实变黄或浅绿色，已结的瓜变细、多刺。

针对这些症状首先要根据黄瓜对氮、磷、钾三要素和对微肥的需要，施用酵素菌沤制的堆肥或充分腐熟的新鲜有机肥，采用配方施肥技术，防止氮素缺乏。低温条件下可施用硝态氮；棚室内出现缺氮症状时，应当机立断，埋施充分腐熟发酵好的人粪肥，也可把碳酸氢铵、尿素混入10～15倍有机肥料中，施在植株两旁后覆盖，浇水，此外也可喷洒0.2%碳酸氢铵水溶液。

二、缺磷

生长初期叶片小、硬化、叶色浓绿；定植后，果实挂住但不长，成熟晚，叶色浓绿，下位叶枯死或脱落。

黄瓜对磷肥敏感，基质中含磷量每100g应在30mg以上，低于这个指标时，应在栽培过程中增施过磷酸钙，尤其苗期的黄瓜苗特别需要磷，可在叶面喷洒0.2%～0.3%磷酸二氢钾水溶液2～3次。

三、缺钾

生育前期叶缘先轻微黄化，后扩展至叶脉间；生育中后期，中位叶附近出现上述症状，后叶缘枯死，叶向外侧卷曲，叶片少硬化，呈深绿色；瓜条短，膨大不良，常有小头、弯曲和蜂腰瓜出现。

黄瓜对钾肥吸收量是吸收氮肥的一半，采用配方施肥技术，确定施肥量时应予注意。栽培基质中缺钾时可用硫酸钾，每亩平均施3～4kg，一次施入。应急时也可叶面喷洒0.2%～0.3%磷酸二氢钾水溶液或1%草木灰浸液。

四、缺钙

生长点附近的上位叶片小，叶缘枯死，叶形呈蘑菇状或降落伞状，叶脉间黄化、叶片变小。严重缺钙时，叶柄变脆，容易脱落；植株从上部开始死亡，死组织呈灰褐色。

首先通过栽培基质化验了解钙的含量，如不足可深施石灰肥料，使其分布在根系层内，以利吸收；避免钾肥、氮肥使用过量。应急时也可以喷洒0.3%氯化钙水溶液，每3～4d喷1次，连续喷3～4次。

五、缺镁

在黄瓜植株长有16片叶子后易发病。先是上部叶片发病，后向附近叶片及新叶扩展，黄瓜的生育期提早，果实开始膨大，且进入盛期时，发现仅在叶脉间产生褐色小斑点，下位叶脉间的绿色渐渐黄化，进一步发展时，发生严重的叶枯病或叶脉间黄化；生育后期除叶缘残存点绿色外，其他部位全部呈黄白色，叶缘上卷，致叶片枯死。

应施用足够的有机肥料，注意基质中钾、钙的含量，注意保持基质的盐基平衡，避免钾、钙施用过量，阻碍对镁的吸收和利用。黄瓜叶片中镁的浓度低于0.4%时，于叶背喷洒0.8%～1%硫酸镁水溶液，隔7～10d喷洒1次，连续喷施2～3次。

六、缺锌

从中位开始褪色，叶脉间逐渐褪色，叶缘黄化至变褐，叶缘枯死，叶片稍外翻或卷曲，生长点附近节间变短，芽呈丛生状，植株生长受到抑制，但心叶不黄化。

基质栽培过程中不要过量施用磷肥；田间缺锌时可施用磷酸亚锌，每亩施用1.3kg；应急时，叶面喷洒0.1%～0.2%磷酸亚锌水溶液。

七、缺铁

植株新叶、腋芽开始变黄白，尤其是上位叶及生长点附近的叶片和新叶叶脉先黄化，逐渐失绿，但脉间不出现坏死斑。

保持栽培基质pH为6～6.5，施用石灰不要过量，防止基质变为碱性；基质水分应稳定不宜过干、过湿，应急措施可用0.1%～0.5%硫酸亚铁水溶液喷洒。

八、缺硼

生长点附近的节间明显缩短，上位叶外卷，叶脉呈褐色，叶脉有萎缩现象，果实表皮出现木质化或有污点，叶脉间不黄化。

在施用有机肥中事先加入硼肥或采用配方施肥技术，适时灌水防止基质干燥，不要过多施用石灰肥料，使基质pH保持中性，应急时可喷0.12%～0.25%的硼砂或硼酸水溶液。研究表明，速乐硼为无机硼肥，主要成分为硼酸钠盐，硼含量高于20.5%，可用于缺硼黄瓜补充硼元素。

九、冻害

【病害类型】 生理性病害。

【危害部位】 地上部植株。

【危害症状】 叶片下垂，叶片失绿黄化，进而叶背面出水渍状水斑，大叶脉间叶肉枯死，直至整个叶片萎蔫枯死。

【发病因素】黄瓜正常生长发育的最低温度是10～12℃。在10℃以下时，光合作用、呼吸作用、光合产物的运转及受精等生理活动都会受到影响，甚至停止。黄瓜植株组织柔嫩，一般－2～0℃为冻死温度。未经低温锻炼的植株，5～10℃就会遭受寒害，2～3℃就会冻死。通常冻害的发生过程比较短，遇上突然来临的寒流袭击，稍疏忽，短时间会将幼苗全部冻坏或将植株上部冻坏，造成不应有的损失。

【防治方法】

（1）培育壮苗　注意炼苗增强光照、控制温度、加大昼夜温差、适当通风，以及合理施肥等措施，都能使幼苗的抗寒力增强。经过低温锻炼的幼苗比较壮实，抗寒能力提高，能忍受短时间0～1℃低温。

（2）注意防寒保温　寒流来临或小雨雪后天气转晴常会出现霜冻，这时要注意防寒保温，夜间要把草苫盖严盖厚。

（3）临时加温　临时加温方法有利用火炕和电热温床育苗，在温室内悬吊红外灯，每盏200～250W，每个温棚7～10盏。

（4）加强对冻苗的管理　黄瓜秧受冻后，次日上午不要把草苫全部掀开，应适当遮阴，使棚内温度缓慢上升，使得受冻植株冰晶缓慢融化，这样细胞间隙的水分不至于被挤出，细胞可缓慢复苏、吸水、膨胀和复原。

（5）加强栽培管理　及时剪去受冻的茎叶，以免组织发霉病变，诱发病害。喷水能增加棚内空气湿度，稳定棚温，减少受冻组织脱水量。通风降温，使棚内温度缓慢上升，避免温度急骤上升使受冻组织坏死。

（6）补施肥料　受冻植株缓苗后，要追施速效肥料，可用2％尿素或0.2％磷酸二氢钾水溶液喷洒叶面。

（7）冻后做好预防　植株受冻后，病害容易乘虚而入，要及时喷洒一些保护性防治病虫药剂，可选用80％络合态代森锰锌500倍液、50％异菌脲1 000倍液、64％进口恶霜·锰锌500倍液和50％乙烯菌核利500倍液等，进行交替防治。

十、高温障碍

【病害类型】 生理性病害。

【危害部位】 叶片、生长点。

【危害症状】 设施栽培的黄瓜在高温强光下生长容易受到危害，一般发生在植株的中上部叶片，尤其是接近或触及薄膜的叶片易发生，严重的生长点烧伤。受害初期，在叶脉之间出现烧伤斑，叶绿素褪色，呈水烫状，逐渐由绿变白，白色的斑块呈不规则或多角形，烧伤轻微时只是小的斑块，而后斑块连成大片，严重时整个叶片烧伤变成漂白色。生长点日灼后轻者叶缘烧伤，重者生长点附近的几片幼叶均受害，受伤的部分逐渐干枯，易造成黄瓜减产。

【发病因素】 在越冬茬或冬春茬黄瓜栽培中，后期产生的高温、强光导致发病。尤其是连续晴天的中午，温室相对湿度小于80%，通风量小或不及时，温度达到40℃左右，叶片和生长点易被烧伤，在温室南部通风口附近直接受阳光照射的叶片更容易被烧伤。

【防治方法】

（1）温度调控　棚室内温度超过35℃，要立即通风降温。栽培后期，光照过强，棚室内外温差过大，不便通风降温或经通风仍不能降到所需温度时，可进行“回苫”（覆盖部分草苫）处理。

（2）湿度调控　若棚室内温度过高、相对湿度较低时，可浇水降温。采取高温闷棚措施的前一天在棚中先浇大水，增加棚中的相对湿度，第二天闷棚时要严格掌握温度和时间。温度计要与瓜秧龙头等高，气温由40℃上升到45℃时应调节风口、缓慢上升，持续2h后由小到大缓慢通风进行降温处理。

十一、花打顶

【病害类型】 生理性病害。

【危害部位】 生长点。

【危害症状】 黄瓜植株生长点附近几节节间缩短，形成雌花簇，不再形成新叶，不见生长点伸出，植株停止生长。耐寒品种春季气温回暖后还可恢复生长。

【发病因素】主要由于水分供应不足、低温连阴、病害、肥害、不当的农艺措施造成的伤根或地上地下生长不平衡导致。一般日光温室越冬栽培发生的较多。具体因素有：过分蹲苗，在苗期过分控水进行蹲苗，浇水时冲施化肥用量过多或施用了未腐熟有机肥而引起的烧根都会导致花打顶。另外，在喷施叶面肥时浓度过大，叶片受了肥害也会引起花打顶。植株感病，叶片感染霜霉病、靶斑病及蔓枯病等，都会引起黄瓜出现花打顶。用坐瓜灵（0.1%氯吡脲可溶性液剂）蘸瓜，使幼瓜生长速度加快，并带着新鲜的黄瓜花。蘸花后打破了植株的正常生长，促使养分集中在幼瓜上，形成了一种掠夺式的栽培，导致结瓜集中，结瓜部位上移，形成花打顶。温度低，特别是地温低，当棚内温度特别是夜间温度长时间低于10℃、地温低于12℃达5～7d，就会出现沤根现象，出现花打顶。遇到持续4天以上的阴、雨、雾、雪天气，光照弱、温度低，导致植株长势弱也会引起花打顶。

【防治方法】选用耐低温弱光的黄瓜品种进行越冬栽培。越冬栽培进行合理的水肥、温度管理。幼苗定植后缓苗水供应要充足，尽量采取控温的方法防止植株徒长；越冬期间浇水选择的时期一般于晴天后10cm地温回升到16℃以上时进行，水量不要太大，随水追施肥料不要过多，每亩冲施三元复合肥15～20kg，最好结合追施含有甲壳素的冲施肥，以利于作物扎新根。浇水后适当提高当天的室温，第二天当室内温度达到33℃时开始通风，风口由小到大，最好分2次进行，当温度下降到25℃时关风口，这样有利于排湿和提高地温，第三天室内温度达到32℃时通风，第四天室内达到31℃通风，以后转入正常管理。晴天28℃时开始通风，下午23℃关风口，20℃放草苫，前半夜使温度下降到15℃左右，到早晨保持在10～13℃。这样既长秧快还不会造成徒长。已经发生花打顶的植株要进行疏瓜，把生长点附近较大的瓜疏掉1～3条，不要疏得太狠，否则长出秧蔓反而没有瓜。

十二、涝害

【病害类型】生理性病害。

【危害部位】根部。

【危害症状】多发生在排水不良的栽培环境，受涝黄瓜叶片，尤其是下部叶片表面出现铁锈色斑块，有的叶片叶脉间叶肉褪绿，叶片质地变脆，黄化脱落，严重时根系腐烂植株枯萎。

【发病因素】主要是由于水分过多，基质孔隙水饱和，形成缺氧环境，造成根系的呼吸困难，导致水分和营养物质吸收受到阻碍，形成生理失调。同时，在缺氧条件下，一些有毒的还原物质如硫化氢、氨等直接毒害根部，促使黄瓜根死亡。积水后，再遇到高温强光，导致水分失调，加剧黄瓜涝害病情。

【防治方法】利用黄瓜外部形态表现，来判断基质含水分多少、该不该浇水。栽培时应采用栽培槽栽培，利用喷灌和滴管系统进行浇灌水，合理控制浇灌时间。在发生涝害时，及时通风排水，可进行根外喷施磷酸二氢钾或保禾丰或萘乙酸促根剂等叶面肥，促进植株地下部新根的发育和地上部新叶的生长。受害严重时对腾空的地面要突击播栽适宜当前生长的速生菜，尽量降低损失。

十三、生理性萎蔫

【病害类型】生理性病害。

【危害部位】整株。

【危害症状】一般易发生于采收初期至盛果期，常会出现一种类似于黄瓜枯萎病的病症，生病初期病株叶片白天萎蔫，夜间恢复，反复数日后，全株萎蔫枯死，但在病势急剧发展时，叶片突然由下而上全部萎蔫。此症状尤以结瓜盛期严重。与黄瓜枯萎病相区别的一点是，横切病茎时不见维管束呈褐色。

【发病因素】因外部环境剧烈变化造成的植株叶片蒸腾量急剧增大而根系生理活性差，彼此相互不协调导致。具体原因：一是日光温室冬春茬黄瓜在遇到连阴低温天气时间较长突然天气骤晴，棚内气温增高，光照增强蒸腾作用加强，而地温低，根系长期处于不良状态，活性差，导致水分的吸收和蒸腾不协调，造成急性萎蔫。二是肥水管理过勤，造成基质氮素浓度过高，基质湿润，导致黄瓜地上部分（茎叶）与地下部分（根系）生长不协调。茎叶由于条件适宜，消耗了大量的光合产物，从而光合产物输入根系量少，根系生长受阻。黄瓜结果后，大部分的光合产物均向果实运输，根系处于“饥饿”的状态，而此时植株生长量大，蒸腾作用强，易引起萎蔫。三是高温时灌水，基质温度急剧降低，根系正常的生理活动受到抑制，根系受伤，吸收水分及矿质元素能力下降。而茎叶处于大气中，蒸腾作用强。叶片散失水分多而根系吸收水分少，易引发急性萎蔫。四是过度灌水或大水漫灌后基质中的含水量过高，造成根部窒息或处于缺氧条件下，基质中产生有毒物质，使根部中毒也可产生萎蔫。

【防治方法】

（1）冬春茬栽培选用耐低温弱光能力强的黄瓜品种，如绿衣天使、绿衣皇后、津优 35、鲁蔬 869 等。

（2）合理揭盖苫管理，连续阴天，可于中午前揭苫，午后盖苫；遇到连阴天后突然晴天的情况，要陆续间隔地揭开草苫，使黄瓜植株在连续的阴天条件下，能够逐渐地适应较强的光照，如可以充分利用早晚的光照，在晴天的上午，可以逐步揭开苫子，在光照强的中午进行回苫处理。进入春季后要注意通风降温和回苫处理降温。一般 4～5 月温室内进入高温期，要严格掌握室内温度，避免长时间处在 35℃以上，这对防止黄瓜叶片急性萎蔫有较好的作用。

（3）优化农作措施，改善根系生长条件，保根，护根，促进根系发育。增施有机肥，控制氮肥用量，增加钾肥用量。精耕细作，保持栽培基质良好的通气性和孔隙状况，促进根系生长，注意灌水避开高温。

十四、氨气危害

【病害类型】生理性病害。

【危害部位】生长点、叶片。

【危害症状】设施栽培的黄瓜易发生氨中毒，氨通过植株的气孔和水孔进入体内，使生长点和最具生命活力的叶片最先受到伤害。由于氨气进入体内所发生的是还原作用，受害叶片很快出现褪色症状，似开水烫伤样，干枯时是暗绿色、黄白色或淡褐色，严重时可以造成全株枯死。施氮肥直接引起的氨气中毒表现为植株由下往上叶片呈水渍状的程度逐渐加重，茎呈褐色，植株生长缓慢，与棚膜中的水滴呈碱性反应。

【发病因素】在保护地内大量施用铵态氮化肥和未腐熟的厩肥、人粪尿、鸡粪和饼肥等，由于铵态氮肥会挥发氨气，如施肥过少、表施或覆盖过薄、栽培基质呈碱性将加剧氨的挥发。基质盐渍化、铵态氮的硝化受到抑制，产生铵态氮积累时，氨的挥发也将加重。

【发病原因】主要与施肥不当有关。当空气中的氨气浓度达到5mg/L，就会产生氨害，晴天高温时会加剧病情，严重的1～2h导致植株死亡。

【防治方法】

（1）安全施肥　设施栽培无论施基肥或者追肥，都应注意如下几点：一是施用充分腐熟的优质有机肥；二是化肥和有机肥只能深施不能在地面撒施，如施尿素、碳酸氢铵和硫酸铵时应开沟深施并覆盖，及时浇水；三是施肥不能过量，尿素施用量不得超过300kg/hm^2，特别是追肥宜少量多次追施；四是适墒施肥或施后灌水，使肥料能及时分解释放，此外误将容易产生氨气的肥料撒施在表面时，应及时进行浇水和通风处理；五是低温时不施尿素和碳酸氢铵，因为基质中的氮肥需要在微生物作用下，经过一系列转化，才能被蔬菜吸收利用，在转化过程中温度过低会受到抑制。

（2）经常检查棚内氨气浓度　在早晨用pH试纸蘸取棚膜水滴，然后与比色卡比色，读出pH，当pH>8.2时，可认为将发生氨气危害，应立即通风。

（3）及时抢救　蔬菜已出现氨气中毒症状时，除通风排气外，一要快速灌水，降低基质肥料溶液浓度；二要根外喷施惠满丰、高美施等活性液肥，浓度为500倍液，这样能较好地平衡植株体内和基质的酸碱度；三要在植株叶片背面喷施1%食用醋，这样可以减轻和缓解危害。

十五、百菌清烟剂药害

【病害类型】生理性病害。

【危害部位】叶片。

【危害症状】病斑从叶片边缘逐渐向内部发展，导致大叶脉间的叶肉失绿、白化，靠近地面的叶片和幼嫩的叶片受害严重，受害后抑制黄瓜的生长。

【发病因素】烟剂燃放量过大或过于集中，使燃放点附近烟雾的浓度过高，导致黄瓜叶片受害。

【防治方法】使用时注意用量及使用的方法，一般不会产生药害。在连阴天和低温的冬季使用效果较好，在晚上放棚时密闭使用，使用量因有效成分不同应具体对待，一般按照说明书上的使用量用药不会产生药害，每亩均匀在路上分7～8点进行。第二天早晨进行通风。隔7d施药1次，连续2～3次。低于1.2m的小棚不能施用。

第二节　真菌、细菌病害的识别与防治

一、黄瓜棒孢叶斑病

【别名】黄瓜靶斑病、黄瓜褐斑病、黄瓜黄点子病。

【英文名】Cucumber Corynespora target leaf spot.

【病原中文名】多主棒孢霉。

【病原拉丁学名】*Corynespora cassiicola* Wei.

【病原分类地位】半知菌亚门丝孢目棒孢属真菌。

【病害类型】真菌。

【主要寄主】葫芦科、茄科、十字花科、豆科蔬菜。

【危害部位】叶片。

【危害症状】黄瓜棒孢叶斑病在整个黄瓜生长期内均能发病，发病严重时可从叶片蔓延至叶柄和茎蔓上。叶正、背面均可发病，中下部叶片一般先发病，然后逐渐向上发展。病原菌多主棒孢的分生孢子易在高温下萌发，最适萌发温度为25℃。叶片感病后，病斑处产生的分生孢子，会随空气和雨水向周围继续传播。危害叶片的症状呈多样化，大体可分为小型斑、大型斑、角状斑3种。

小型斑　低温低湿时多表现在发病初期的黄瓜新叶片上。病斑直径0.1～0.5cm，呈黄褐色水渍状斑点。病斑扩展后，叶片正面病斑略凹陷，病斑近圆形或稍不规则，病、健交界处明显，黄褐色，中部颜色稍浅，淡黄色，叶片背面病部稍隆起，黄白色。后期病斑呈小圆斑穿孔，但边缘不开裂。

大型斑　高温高湿、植株长势旺盛时多产生大斑型病斑。多为圆形或不规则形，直径2～3cm，灰白色，叶片正面病斑粗糙不平，隐约有轮纹，湿度大时，叶片正、背面均可产生大量灰白色毛絮状物，为病原菌菌丝体，但是在该情况下病部不易产生分生孢子和分生孢子梗。

角状斑　多与小斑型、大斑型病斑及霜霉病混合发生。病斑黄白色，受叶脉限制为多角形，病、健交界处明显，直径0.5～1.0cm。该症状易与黄瓜霜霉病混淆，黄瓜细菌性角斑病叶两面均没有霉层，背面有菌脓形成的清晰白痕。在高温高湿的情况下，黄瓜棒孢叶斑病叶片会产生灰黑色霉状物。霜霉病叶片正面逐渐变黄，病健交界处不明显，病斑受叶脉限制为多边形。黄瓜棒孢叶斑病病斑粗糙不平，病健交界处清晰可见。

以上3种症状均可不断蔓延发展，后期病斑在叶面大量散生或连成片，造成叶片枯死、脱落。此外受危害茎蔓节上，最后叶片卷曲，造成90%的落叶。

【病原特征特性】菌丝体分枝，无色到淡褐色，具隔膜。分生孢子梗多单生，少数是几根丛生，单生时从菌丝上垂直出生；有时有子座，但不发达；孢子梗基部膨大，不分枝孢子梗一般较为粗大，可作为该菌的特征，在显微镜下识别。成熟后为棕色、光滑、不分枝，孢梗和孢子连接处有无色连接体，连接体比孢梗及孢子均细，具隔膜，分隔数为1～8个。分生孢子顶生于梗端，为倒棒形、圆筒形、线形或Y形，单生或串生，直立或稍弯曲，基部膨大、较平，顶部钝圆，浅橄榄色到深褐色，假隔膜分隔，分隔数2～27个。厚垣孢子粗缩，壁厚，深褐色。

【侵染循环】病菌主要以菌丝体、厚垣孢子或分生孢子随病残体在栽培介质如土壤、基质中越冬存活，也可通过种子表面附着病菌或种皮内潜伏休眠菌丝进行种子传播，翌年产生分生孢子成为初侵染源。发病后，在适宜条件下病部产生大量分生孢子。分生孢子借风、雨和农事操作传播。分生孢子萌发产生芽管，从气孔、伤口或直接穿透表皮侵入，潜育期5～7d。

【传播因子】病残体、气流。

【发病因素】种子带菌传播和缺乏抗病品种是目前该病发病流行的主要原因。有大量的菌源，保护地内高温高湿，相对湿度在90%以上，有利于病菌的繁殖，叶面结露、光照不足、昼夜温差大都会加重病害程度，昼夜温差越大病菌繁殖越快。

【防治方法】

1. 选用抗病品种　津春5号、中农5号、津优38和津优3号均为高抗品种。2011年还发现4种高抗棒孢叶斑病杂交品种：Tsisho、Nikkey、Yoshinari和Safira。

2. 农业防治

（1）拉秧后及时清理棚室，7～8月对日光温室进行消毒处理。在温室内开沟，铺施轧碎的作物秸秆，撒施石灰氮，起垄，灌水，地膜要盖严，棚膜盖严，密闭15～20d，以提温杀菌。

（2）与葱蒜类进行轮作，减少病原菌。

（3）种子消毒，该病菌孢子致死温度为55℃，时间为10min，种子用常温水浸种15min后转入55℃温汤浸种20min，并不断搅拌，然后让水温降至30℃，继续浸种2h，捞起沥干后置于30℃处催芽，经12h胚根初露即可播种，这样可有效消除种内病菌。用温汤浸种最好结合药液浸种，杀菌效果更好。

（4）加强栽培管理，及时清除病蔓、病叶、病株，并带到棚室外烧毁，减少初侵染源。科学浇水，小水勤灌，膜下浇灌，避免大水漫灌，勤放风，降低湿度、温度（温度中午 25～28℃，相对湿度 90%以下），以创造有利于黄瓜生长发育的条件，这样不利于病菌萌发侵入。

3. 化学防治　以防为主，没有发病可采用 0.5%安吉寡糖素 400～600 倍液，也可用 40%氟硅唑乳油 8 000 倍液或 40%腈菌唑乳油 3 000 倍液等，每隔 7～10d 喷 1 次，连喷 2～3 次。发现病害，第一遍将病叶去掉，第二遍紧跟着打药，可用杜邦升势 1 000 倍液，加上氢氧化铜 800～1 000 倍液，放到一个喷雾器里面进行喷雾，喷雾时注意喷雾周全，从上到下，包括叶片茎脉，盘在地上的支脉，发病稍重时，施药时间缩短到 5d，连续 3 次。多主棒孢病原菌有易变异的特性，连续喷施同一化学药剂 3 次以上，病原菌的抗药性出现概率明显增加，所以为防止其产生抗性，在化学防治过程中需要调整杀菌剂的用量、使用时间间隔及次数，不同作用机制的药剂可以轮换使用，这样才能达到抑制抗药菌株出现的目的。

4. 物理防治　目前对于黄瓜棒孢叶斑病的物理防治较少，目前只有红光照射一种措施，红光可提高黄瓜对棒孢叶斑病的抵抗能力但是并不能阻止病原菌对黄瓜的侵染。

5. 生物防治　研究发现绿假单胞菌 O_6 可以定殖在黄瓜根部，促进肌醇半乳糖苷的积累，肌醇半乳糖苷可作为信号分子从而激发黄瓜根系对多主棒孢病原菌产生系统抗性，同理施加外源肌醇半乳糖苷也可以诱导黄瓜的系统抗病性。将炭疽病病原菌提前接种在黄瓜上，发现其增加了黄瓜的抗性，促使叶片中胼胝质大量积累，加固细胞壁从而阻断多主棒孢的入侵，且防治效果达到 90%以上。也有发现姬松茸的乙醇提取液和放线菌 XN－22、XN－1 的发酵滤液均可有效防治棒孢叶斑病。

二、黄瓜猝倒病

【别名】黄瓜绵腐病、黄瓜小脚瘟。

【英文名】 Cucumber Pythium damping off.

【病原中文名】 瓜果腐霉菌。

【病原拉丁学名】 *Bythium deliense* Meurs.

【病原分类地位】 鞭毛菌亚门真菌。

【病害类型】 真菌。

【主要寄主】 瓜类。

【危害部位】 胚茎、子叶。

【危害症状】 子叶期幼苗最易染病，幼苗未露出基质表面或露出后均可发病。未露出时发病，胚茎和子叶腐烂。露出后幼苗发病，在茎基部靠近基质面处出现水渍状病斑，很快变成黄褐色，绕茎 1 周后，病部干枯缢缩成线状折倒，死亡时子叶保持绿色尚未凋萎。一般发病后幼苗出现成片倒伏而死亡。此病发展迅速，高温高湿时病株附近长出白色棉絮状菌丝。该病菌侵染果实后，病部呈黄褐色水渍状的大病斑，病、健交界明显，随后在腐烂部位长出茂密的白色绵毛状物，并有一股腥臭味，导致绵腐病。

【病原特征特性】 菌丝体生长茂盛，呈白色棉絮状；菌丝无色，无隔膜。菌丝与孢子囊梗区别不明显。孢子囊丝状或分枝裂瓣状，或呈不规则膨大。孢囊球形，内含 6～26 个游动孢子。藏卵器球形，平滑，不满器。

【侵染循环】 病菌可在栽培介质中或病残体上营腐生生活，以卵孢子在基质中越冬并可成活多年，是猝倒病发生的主要侵染源。病菌生长的适宜地温是 15～16℃，温度高于 30℃受到抑制。适宜发病的地温为 10℃。病菌萌发产生游动孢子或直接侵入寄主，病部不断产生孢子囊，借雨水或灌溉水的流动、农事操作、带菌的堆肥等重复侵染，使病害不断蔓延。

【传播因子】 病残体、栽培介质（土壤、基质）、带菌的种子肥料。

【发病因素】 苗床低温、高湿、通气不良是猝倒病发生蔓延的主要条件，连续 15℃以下的低温数天以上时，易发生猝倒病。此外苗床低洼积水或棚顶滴水处则发病严重。种子带菌、堆肥发酵不良、营养基质中带菌多，易发病。结果期间阴雨连绵、闷热潮湿，尤其是触地果实易导致绵腐病。

【防治方法】

1. 农业防治

（1）苗床选择　苗床地应满足地势较高、排水良好、前茬未种过果蔬类作物的条件，用草炭基质块进行育苗。

（2）育苗管理　在低温连阴天的冬春季节育苗的，最好育苗床下铺电热线，以提高地温，加碘钨丝灯增加光照，促进幼苗的光合作用，提高抗病能力。

（3）种子消毒　用55℃的温水浸种20～30min，或用70℃干热灭菌72h后催芽播种。

（4）控制苗床的温度和湿度　使用干净的无滴膜进行覆盖，苗床进行浇水时选择晴天的上午8时以后进行，并注意通风、保持育苗基质的疏松、干燥。向苗床中施入适量的石灰或草木灰，有预防发病的作用。

（5）加强栽培管理　栽培管理过程中避免种植过密、植物徒长，合理整枝，减少伤口；平整地势改善灌溉系统，合理灌溉并及时排除积水；彻底清除杂草，发现病株及时清除。

2. 化学防治

（1）种子消毒　用50％多菌灵可湿性粉剂或50％福美双可湿性粉剂拌种，用药量分别为种子重量的0.1％、0.4％。

（2）育苗基质消毒　每平方米苗床施用50％拌种双粉剂，或50％多菌灵可湿性粉剂，或50％ 福美双可湿性粉剂8～10g。发现病株后及时拔除，并立即用药剂防治，可采用喷施、表面撒施和灌根等方法进行防治。

（3）喷药防治　可用72.2％ 霜霉威水剂400倍液，或25％ 甲霜灵可湿性粉剂800倍液，或64％恶霜·锰锌可湿性粉剂500倍液，7～8d喷1次，连喷2～3次。表面撒施防治：可每平方米基质用70％ 敌磺钠粉剂5g混匀，撒于床面。

（4）灌根防治　可用55％多效瑞毒霉可湿性粉剂350倍液或

10%多抗霉素可湿性粉剂150倍液灌根，每6～7d灌1次，连灌2～3次。

三、黄瓜腐霉根腐病

【别名】黄瓜幼苗腐霉根腐病。

【英文名】Cucumber Pythium root rot.

【病原中文名】瓜果腐霉、结群腐霉、卷旋腐霉。

【病原拉丁学名】*Pythium aphanidematum*（Eds.）Fitzp.

【病原分类地位】鞭毛菌亚门真菌。

【病害类型】真菌。

【主要寄主】葫芦科蔬菜。

【危害部位】根、茎基部。

【危害症状】该病主要表现为根系少，植株主根、次生根及根茎部初呈水渍状，随后产生淡褐色水渍状斑，扩大后凹陷，严重时病斑绕根基或根茎部1周，干缩变细，至地上部的顶部叶片或整株叶片突然萎蔫，纵剖根茎部可见维管束变褐色，后根系的须根、次生根呈水渍状腐烂，重病株枯萎而死。与植株生理性萎蔫的区别，后者根系多而粗，无水渍状腐烂，根茎不干缩变细。

【侵染循环】病原以卵孢子、菌丝体随病残体在栽培介质中越冬，或种子带菌，在适宜条件下萌发产生孢子囊，以游动孢子或直接长出芽管从根系的伤口处或近地表的根茎部侵入发病。再侵染主要靠病苗上产出孢子囊及游动孢子，借灌溉水或雨水溅射传播蔓延。病菌侵入后，在皮层薄壁细胞中扩展，菌丝蔓延于细胞间或细胞内，后在病组织内形成卵孢子越冬。

【传播因子】栽培介质（土壤、基质）、病残体、种子、灌溉水。

【发病因素】病菌可在基质中长期存活，借雨水、灌溉水、带菌粪肥、农具、种子传播。地温15～16℃时病菌繁殖速度很快。基质高湿极易诱发此病。幼苗子叶中养分快耗尽而新根尚未扎实之前，抗病力最弱，或光照不足，遇寒流或连续低温阴雨（雪）天气，苗床保温不好，病菌会乘虚而入。高温高湿更易发病。在越冬茬栽培定植间，大水漫灌后即覆膜，湿度大，地温高，根系有伤口，极易导致病害的大发生。

【防治方法】

1. 基质消毒　栽培基质施肥浇透水后，选用50%多菌灵可湿性粉剂500倍液、50%甲基硫菌灵可湿性粉剂800倍液或30%恶霉灵可湿性粉剂500倍液均匀喷洒。也可选用50%多菌灵可湿性粉剂、30%恶霉灵可湿性粉剂、50%福美双可湿性粉剂、40%五氯硝基苯可湿性粉剂，按每平方米8～10g药量与适量细干基质混均匀撒施，对蔬菜苗期病虫害具有明显的防治效果。但要注意保持苗床基质湿润，以免发生药害。营养钵或穴盘育苗，每立方米基质可选用以上药剂150g拌匀装钵播种。

2. 加强栽培管理　清洁棚室，进行基质消毒，收获后期彻底清除病株残体减少棚内初侵染源。合理灌水，避免大水漫灌，及时排水排湿。结瓜前适当控制浇水的次数，以提高地温，促进根系发育；结瓜后则应适当增加浇水次数，防止黄瓜早衰。

3. 药剂防治　齐苗后选用施特灵水剂600倍液、阿波罗智能963水剂1 000倍液和3%中生菌素可湿性粉剂600倍液灌根或喷施。定植时，每穴基质用30%恶霉灵水剂800倍液灌根，每穴灌0.1～0.2kg。缓苗后至伸蔓结瓜期初见病症时，可选用绿京1号3 000倍液、72% 霜霉威盐酸盐水剂800倍液、58%甲霜·锰锌可湿性粉剂500倍液、85%三乙膦酸铝可湿性粉剂500倍液交替灌根2～3次。地上部可同时喷施3%中生菌素可湿性粉剂600倍液，或OS-施特灵500倍液。为促使尽快生新根和根系茁壮，增强植株抗病力，还可施用阿波罗963水剂1 000倍液或生根剂灌根。

四、黄瓜根腐病

【英文名】Cucumber Fusarium root rot.

【病原中文名】瓜类腐皮镰孢菌。

【病原拉丁学名】*Fusarium solani*（Mart.） App. et Wollenw. f.

Cucurbitae Snyder et Hansen.

【病原分类地位】半知菌亚门。

【病害类型】真菌。

【主要寄主】葫芦科蔬菜。

【危害部位】根、茎基部。

【危害症状】主要危害根及茎基部，初期症状不明显，根部染病后呈水渍状，根毛变褐腐烂，不发新根，茎基部染病，初呈水渍状的病斑，后表皮变淡黄褐色腐烂，茎缢缩不明显，病部维管束变褐但不向上发展，后变槽丝状。发病中期晴天中午叶片萎蔫，早晚尚能恢复，严重时枯死。后期茎基部发生萎缩，叶部不能恢复正常，呈青枯状死亡。湿度大时，茎部的表面产生白色或粉红色霉层。与枯萎病的不同点是：维管束变褐只限于腐烂部分。

【病原特征特性】分生孢子分大小两型，病菌的大型分生孢子呈镰刀形或纺锤形，无色，透明，两端较钝，具隔膜2～4个，以3隔居多，大小（30～50）μm×4.6μm。小型分生孢子呈椭圆或卵形，有隔0～1个，厚垣孢子球形或卵圆形，表面光滑或粗糙，顶生或间生，单生或双生，大小（8～10）μm×（7.0～9.5）μm。在PDA培养基上菌丝呈绒毛状，银白色，其培养基表面为猪肝紫色，且不变色，在米饭培养基上呈银白至米色；在马铃薯块和绿豆培养基上均为银白色至驼色。

【侵染循环】病菌以菌丝体、厚垣孢子或菌核在栽培介质和病残体上越冬越夏，厚垣孢子可在土中存活5～6年，成为主要侵染源，在日光温室可周年进行危害。条件适宜，病菌从根部伤口侵入，后在病部产生分生孢子，借雨水或灌溉水传播蔓延，进行再侵染。该病多发生于定植期和结瓜初期。

【传播因子】土壤、基质、病残体和灌溉水。

【发病因素】高温、高湿利于其发病，连作地、低洼地、黏土地、植株徒长、温室湿度大、定植伤根、基质酸化、肥料带菌等发病重。

【防治方法】

1. 农业防治

（1）合理轮作　合理轮作能使寄主专一性的病原菌得不到适宜生长和繁殖的寄主，从而减少致病菌的数量，是防止黄瓜根腐病的一项重要措施。由于不同作物根系下扎根深度不同，因此合理的轮作还能改善基质结构，调节基质肥力、透气性等。

（2）清洁棚室　拉秧后清除病残体，带到棚外进行深埋。在7～8月对栽培基质进行太阳能消毒或石灰氮消毒处理。施用酵素菌沤制的堆肥或腐熟的有机肥，不用带菌肥料。

（3）培育健康植株　选择漂浮育苗，可有效地避免移栽时伤根，减少病菌侵染。实时移栽，选用免疫诱导剂海岛素5%氨基寡糖素水剂1 000倍液，在苗床育苗时进行喷雾或定植时进行灌根，增强根系活力，提高瓜苗的抗病能力。

（4）采用栽培槽栽培，进行膜下浇水，防止大水漫灌　定植后要保证基质的透气性，促进新根的发生。合理密植，及时打掉植株下部的老叶黄叶病叶以利于通风透光。增施磷钾肥，提高植株的抗性。

2. 化学防治

（1）药剂拌种或浸种　播种前，用种子重量0.3%～0.4%的50%多菌灵可湿性粉剂拌种或每2～3kg种子使用10mL2.5%咯菌腈悬浮种衣剂进行包衣；也可将黄瓜种子在40%甲醛100倍溶液中浸泡15～30min或在50%多菌灵500倍液中浸泡1～2h，然后用清水洗净后催芽播种。

（2）基质消毒　用碱式硫酸铜10g/m^2、波尔多液10g/m^2、石硫合剂10g/m^2和硫黄粉20g/m^2处理育苗基质，或按1m^2用50%多菌灵可湿性粉剂8g，与苗床基质拌匀，将2/3的拌药基质均匀撒在苗床上，播种后，再用余下的拌药基质盖种子；或按1m^2苗床用40%甲醛30～50mL对水3L喷洒后用塑料薄膜闷盖，3d后揭膜，待甲醛气体散尽后播种；还可在定植前，亩用42%戊唑多菌灵可湿性粉剂1kg与干细基质30kg混合均匀，撒于定植穴内，对黄瓜的出苗有促进作用。

（3）药剂灌根　①苗期预防。可用2.5%咯菌腈悬浮剂2 000～4 000倍液进行苗床灌根和移栽时灌根，药液亩用量为250～300kg；或在定植后用太抗几丁聚糖500倍液加上枯草芽孢杆菌200倍液灌根，每株灌药液200mL，以后每隔7d灌1次，共灌3次。在每年发病期来临之前进行灌根预防。②发病初期防治。可选用42%戊唑多菌灵悬浮剂1 000倍液、20%烯肟戊唑醇悬浮剂1 200倍液、25%粉锈宁可湿性粉剂800倍液、25%咪鲜胺悬浮剂1 500倍液或13%中生醚菌酯可湿性粉剂1 000倍液等混掺生根剂（生根壮苗剂、丰收1号等），进行灌根，每穴灌300～500mL药液，每隔5～7d灌1次，连灌2～3次，注意病株周围$2m^2$范围内的植株都应灌药。要求深灌，从而使药剂达到病根部。还可用50%多菌灵可湿性粉剂或70%甲基硫菌灵可湿性粉剂加少量水制成糊状，涂抹在病部，每7～10d涂抹1次，连续2～3次。湿度大时，可将拌药基质撒在茎基部。

五、黄瓜灰霉病

【英文名】 Cucumber gray mold.

【病原中文名】 灰葡萄孢，有性世代为富克尔核盘菌。

【病原拉丁学名】 *Botrytis cinerea* Pers. ex Fr.

【病原分类地位】 灰葡萄孢，属半知菌亚门真菌；富克尔核盘菌，属子囊菌亚门真菌。

【病害类型】 真菌。

【主要寄主】 葫芦科、茄科、豆科等蔬菜。

【危害部位】 幼瓜、叶、茎蔓。

【危害症状】 灰霉病主要发病部位是黄瓜的花、瓜条和茎叶。从开败的雌花上开始侵染，病原菌侵染后会在雌花的花瓣上着生很多淡灰褐色的霉层，随着病原菌的进一步侵染，病菌逐步向幼瓜扩展，侵染初期的雌花呈现水渍状病斑，发病部位出现褪色，并且逐渐变软和腐烂，当环境中的湿度大时，在发病部位会着生灰色霉层，最后花瓣脱落。病原菌侵染黄瓜果实时，幼瓜脐部处呈水渍状，病部组织会发黄并且在表面着生有灰色霉层，随着病原菌侵染的深入使得病部的霉层逐渐变为淡灰色，被侵染的黄瓜果实停止生长，有白色的胶状物质呈堆状流出，萎缩腐烂，发病严重的瓜条甚至腐烂，最后脱落。黄瓜叶片的侵染源主要是脱落的烂花、烂瓜或感病的卷须，当它们直接与叶片和茎接触，就会导致茎和叶片的感病，表面密生霉层。烂花、烂瓜落到叶片、茎蔓上继续危害。叶部病斑初为水渍状，后变淡褐色，形成直径 20～50mm 大型病斑。近圆形或不规则形，边缘明显，表面着生少量灰霉，茎上发病后，造成茎部数节腐烂，茎蔓折断，植株枯死。受害部可见到灰褐色的霉状物。

【病原特征】病原菌丝体透明至褐色，有隔膜；分生孢子梗单生或丛生，顶端成簇分生孢子；分生孢子圆形或卵圆形，大小为 7.5～12.5μm；黑色菌核，圆形或长圆形，表面有小刺或瘤。

【侵染循环】以病菌的菌丝或分生孢子或菌核附着在病残体上或遗留在栽培介质中越冬越夏。在日光温室中可以周年危害，越冬越夏的分生孢子、菌丝、菌核为初侵染源从残花处侵染，初春时环境条件适宜，菌核开始萌发，形成大量的菌丝体、孢子梗和分生孢子，灰葡萄孢菌的分生孢子在发育成熟后靠气流、水溅及农事操作等传播蔓延侵染黄瓜的叶片、茎蔓。黄瓜灰霉病容易在低温和高湿条件下大爆发。黄瓜结瓜期是该病侵染和烂瓜的高峰期，苗期和花期也容易感病，灰葡萄孢菌的分生孢子从黄瓜植株的伤口、衰弱或者枯死的组织上侵入，开败的雌花和老叶片的坏死部分最容易感病。

【传播因子】土壤、基质、病残体、气流、农事操作。

【发病因素】低温、高湿、弱光是灰霉病发病的重要诱因，一般越冬茬的 12 月至翌年 1 月温室甚至早春温室气温在 15℃左右，持续时间长，连阴天达 5～7d，相对湿度达 85%以上，会引起病害的发生流行。此外种植密度过大，叶片结露时间长，雌花过多，使用生长素蘸花后花瓣不脱落，管理粗放的温室也容易发生。

【防治方法】

1. 农业防治

（1）清洁棚室，收获后期彻底清除病株残体以减少棚内初侵染源。苗期、瓜膨大前及时摘除病花、病瓜、病叶，摘除时将病果、花、叶用塑料袋套住后进行处理，以防病菌的传播，处理后带出大棚、温室外深埋，减少再侵染的病源。灰霉病主要以菌核在基质中越夏，日光温室可以利用基质消毒进行病原菌的处理，在拉秧后的7～8月可采用太阳能消毒法或石灰氮或棉隆消毒法进行消毒。

（2）叶露的生态调控，参照黄瓜霜霉病的防治方法进行。

（3）高温闷棚，参照黄瓜霜霉病的防治方法进行。

（4）栽培槽覆膜栽培，进行膜下沟间灌水或滴灌的方式进行栽培可以有效地降低棚内相对湿度至15%～20%，还能有效地阻止病菌传播（黑色地膜效果尤佳），另外利用紫外隔断膜能有效地阻止灰霉病菌、菌核病菌的繁殖。

（5）合理轮作，在黄瓜种植过程中，要避免茄类、瓜类蔬菜的连续种植，尽量多与豆科类、葱蒜类或白菜类蔬菜进行轮作，这样可以最大程度的降低种植地内病原菌的量，减少侵染源，从而对黄瓜灰霉病进行有效的控制。

（6）补光，有条件的温室进行加温补光处理，在低温连阴期间，进行加温和补光措施，减少叶片结露的时间，增加植株生理活性，抑制病菌的传播蔓延。

2. 化学防治

（1）烟雾剂法　在发病初期每亩用45%百菌清烟剂200g，分放在棚内4～5处，用香或卷烟等烟火点燃，发烟时闭棚，熏1夜，次晨通风，隔7d熏1次，可单独使用，也可与粉尘法、喷雾法交替轮换使用。粉尘法是于发病初期傍晚用喷粉器喷撒5%百菌清粉尘剂，或5%春雷·王铜粉尘剂，每亩每次1kg，隔9～11d喷1次。由于喷雾防治会增加大棚内的空气湿度，影响药剂防治病害的效果，因此喷雾防治黄瓜灰霉病时要在药后及时通风，降低棚内湿度，同时此方法不宜在阴雨天气时采用。

（2）局部防治 及时摘除残花，用腐霉利或灰霉克500倍液加坐瓜灵浸蘸瓜胎。

（3）药剂防治 发病初期选用50%腐霉利可湿性粉剂800倍液，每隔7d喷1次，连喷3次。

3. 生物防治 防治黄瓜灰霉病的微生物有10种以上，目前研究和应用最多的是木霉菌。其防治原理是木霉菌能够产生抗菌素，从而使得木霉菌在营养竞争和重寄生作用过程中占据优势地位，导致灰霉病病菌缺乏营养，最后死亡，黄瓜灰霉病就得到了有效的控制。目前已经在我国登记用来防治灰霉病的是哈茨木霉菌。木霉素300倍液、500倍液和700倍液对灰霉病的防效都非常理想，农业推广中的使用浓度为500倍液。

六、黄瓜菌核病

【英文名】Cucumber sclerotinia rot.

【病原中文名】核盘菌。

【病原拉丁学名】*Sclerotinia sclerotiorum*（Lib.）De. Bary.

【病原分类】子囊菌亚门。

【病害类型】真菌。

【主要寄主】葫芦科、十字花科、茄科、豆科等蔬菜。

【危害部位】茎蔓、叶片、叶柄、瓜条。

【危害症状】从苗期到成株期都能发生此病，主要危害瓜果，也危害茎蔓、叶片和花等部位。茎蔓染病初在主侧枝或茎部产生水渍状褐斑，高湿条件下，病茎软腐，长出白色绵毛状菌丝，茎表皮和髓腔内形成坚硬菌核，植株枯萎。瓜条染病从残花开始，向上发展到瓜脐部形成水渍状病斑、软腐，严重的整瓜腐烂，表面长满棉絮状菌丝体，最后产生黑色菌核。叶柄、叶片染病初呈水渍状并迅速软腐，后长出大量白色菌丝，菌丝密集形成黑色鼠粪状菌核。幼苗发病时在近地面幼茎基部出现水渍状病斑，很快病斑绕茎1周，幼苗猝倒。该病害通常在距地面5～100cm高度内发病，以5～

30cm 发病最多。

【病原特征】核盘菌核初始为白色，后为黑色鼠粪状，由髓部和暗色皮层组成；子囊盘盘状，浅褐色；子囊圆筒形，无色。子囊盘柄的长度 15mm，盘柄伸出栽培介质面为乳白色，展开呈杯状或盘状，成熟后变成暗红色，子囊孢子呈烟雾状。

【侵染循环】病菌以菌核留在栽培介质中或混杂在种子里越冬，也可以在病残体上越夏，远距离传播靠种子。条件适宜时菌核产生子囊盘，释放子囊孢子，随气流和雨水传播蔓延，孢子侵染植株或幼苗，又引起发病，如此重复侵染。

【传播因子】土壤、基质、种子、气流、雨水。

【发病因素】子囊孢子萌发的最适温度为 15～20℃，相对湿度85％以上容易发病。此外，温室内高温高湿，连作地，前茬作物病害严重，地势低洼排水不良也容易发病。施肥方面，有机肥腐熟不充分或其本身带病，再加上氮肥施用过多，导致植物过旺生长也容易发病；基质偏酸，定植过密，通风透光差，种子或种苗带病也利于该类病的发生。

【防治方法】

1. 农业防治

（1）进行轮作或基质消毒。

（2）施用充分腐熟的有机肥。

（3）碳氮处理重病棚室，于春、夏换茬期进行太阳能高温或石灰氮处理，可以杀死大多数病原菌和菌核。温室消毒时也可以通过加入石灰改变栽培基质的酸碱度，抑制病原菌的繁殖。

（4）栽培槽地膜覆盖，栽培膜下进行浇水的方式，不仅可以降低温室内的湿度，而且可以使地膜尤其是黑色地膜能有效地将子囊盘限制在膜下，切断初侵染途径。另外，利用紫外隔断膜能有效地阻止菌核病菌的繁殖。

（5）加强生长期管理，及时清除植株基部老黄叶和病株、病叶等，不但可以切断病原菌扩繁的途径，而且还有利于通风透光。此外，还要结合温度的管理情况，及时通风，降低棚内湿度，增施磷钾肥，以提高植株的抗性。

2. 化学防治　发病前可用10%腐霉利烟剂或45%百菌清烟剂，每亩每次200～250g，也可用5%百菌清粉剂或10%灭克粉喷粉，每亩每次1kg，7～10d喷1次，视病情连续3～4次。

发病初期选用50%异菌脲可湿性粉剂1 500倍液，7～10d喷1次，连续喷2～3次，也可在患部用50%腐霉利可湿性粉剂或40%多菌灵超微粉剂分别与面粉以1∶1的量混合加水50倍涂抹。

3. 生态防治　棚室栽培时，上午以闭棚升温为主，温度不超过30℃不要放风，下午及时放风排湿。发病后可适当提高夜温来降低结露时间，早春日均温可控制在29℃或是31℃高温，相对湿度在65%以下可减少发病。防止灌水过量，土壤湿度大时可延长灌水间隔期。

4. 茎部涂抹防治　当菌核病感染茎部时，可以先用刀片将病茎处把长白毛的腐烂处刮除，再用50%速克灵或扑海因药剂，用水稀释20～30倍药液如浓奶浆状（也可用少量食用淀粉糊与药粉以2∶1比例加水混匀），涂抹患处，一般涂药1次后，病患处组织会慢慢自行愈合，植株能正常继续开花结果。如果病患处腐烂比较严重，3～5d后看情况也可再涂1次药。通常病茎腐烂程度不到其直径一半的植株，都可以救活且以后还可维持一定的产量。

5. 生物防治　目前用于防治菌核病的生防真菌有盾壳霉、木霉、黏帚霉和黄色蠕形霉等，其中又以盾壳霉的研究最为广泛及深入，并且国外已有其商品制剂问世。

七、黄瓜枯萎病

【别名】 黄瓜蔓割病、黄瓜萎蔫病。

【英文名】 Cucumber fusarium wilt.

【病原中文名】 尖孢镰刀菌黄瓜专化型。

【病原拉丁学名】 *Fusarium oxysporum* f. sp. *cucumerinum* (Foc).

【病害类型】 真菌。

【主要寄主】 瓜类。

【危害部位】 维管束。

【危害症状】 黄瓜枯萎病为土传性病害，主要侵害黄瓜茎基部维管束，病菌在维管束内繁殖蔓延，通过堵塞维管束导管和分泌有毒物质毒害寄主细胞，破坏寄主正常吸收输导机能，使养分、水分转运受阻。枯萎病在整个生育期都能发生，开花结果后发病较重，以结瓜期最盛。苗期受害时茎基部变为黄褐色，子叶变黄萎蔫下垂，生长点呈失水状，重者茎基部缢缩，植株猝倒死亡，病部维管束变褐色。成株期受害，植株生长缓慢，病株叶片自下而上逐渐萎蔫，下部叶片褪绿，由下向上发展，开始时中午出现萎蔫，早晚恢复正常，如此反复，快的2～3d，慢的5～6d，病株就不能再恢复，并逐渐枯干死亡，常是连片发生。病基部缢缩，根部褐色腐烂，茎基部常纵裂，有时病部流出松香状的胶状物质。病茎纵切检视，其维管束呈褐色。在潮湿条件下，病部表面常产生白色或粉红色霉层。

【侵染循环】 以厚垣抱子或菌丝体在栽培土壤、栽培基质、肥料中随病株残体越冬，也可在未腐熟的肥料上越冬或附着在种子、温室、大棚架上越冬，病菌在土中可存活5～6年。翌年条件适宜时形成初侵染，孢子发芽后从根部伤口或自然裂口或根冠侵入。在根部细胞内经过一定繁殖活动，随着根部液态养分的体内输送，进入维管束的导管，在导管内继续繁殖、发育，从而导致维管束的堵塞。同时，分泌一些酶来消化细胞、破坏和堵塞寄主的疏通组织，造成寄主秧蔓的萎蔫和死亡。在病部产生的分生孢子，可通过土壤、基质、种子、肥料、农具及灌水等传播，并进行多次再侵染。

【传播因子】 种子、病残体、基质、土壤、肥料、流水。

【发病因素】 发病适宜地温为20～25℃，低于15℃或高于35℃病害受抑制。当平均气温18～25℃，相对湿度高于85%，基质水分较高时容易发病。自根连作重茬地、排水不良，或施用未充分腐熟的有机肥，植株根系发育不良，天气闷热潮湿，或秧苗老化、种植密度过大、养分不足以及酸性基质、害虫过多都易于发病。

【防治方法】

1. 农业防治

（1）嫁接　采用黑籽或白籽南瓜进行嫁接良培，有靠接和插接两种方式。南瓜砧木根系发达，吸肥水能力强，生长势旺，对枯萎病菌免疫力强，增产效果明显。定植时，靠接方式的接口处须距离地面有一定的高度，以避免黄瓜接触地面再长新根，失去嫁接防病的作用。

（2）采用抗病品种　一般黄瓜自根苗栽培时，采用新泰密刺、长春密刺、中农 21、鲁蔬 869 等抗枯萎病能力强的品种。

（3）轮作　和葱蒜类或白菜类蔬菜进行轮作，可以大大减少病原菌。要消除黄瓜枯萎病的影响，往往要求轮作 5 年以上，在集约化设施栽培条件下，蔬菜复种指数高，轮作难度不大。

（4）及时清理棚室　棚室内发现病株枯死，要立即拔除，深埋或烧掉。拉秧后要清除棚室内病株残叶，搞好棚室内卫生。

（5）营养钵育壮苗　用纸袋或塑料杯育苗，定植时不伤根，而且缓苗要快，以提高黄瓜苗期的抗病能力。

（6）加强栽培管理　实行测定配方施肥，施用充分腐熟的优质有机肥。操作中注意减少伤口，提高栽培管理水平。严防大水漫灌，采用膜下滴灌的方式进行。栽培过程中保证基质的透气性，使根系茁壮，以增强抗病力。黄瓜结瓜期应分期施肥，施用充分腐熟的有机肥，切忌用未腐熟的人粪尿追肥；增施饼肥、磷钾肥与消石灰，以改善栽培基质理化性状。

2. 化学防治

（1）种子消毒　用 55℃左右温水浸种 20～30min 或用有效成分 0.1%的多菌灵盐酸盐（防霉宝）浸种 1～2h，也可用 50%多菌灵可湿性粉剂 500 倍液浸种 1h 或用甲醛 150 倍液浸 30min，然后冲洗干净再催芽。

（2）苗床消毒　每平方米基质可用 50%多菌灵可湿性粉剂 10g，或 50%苯菌灵可湿性粉剂 8g，掺基质后均匀撒施。

(3) 基质消毒　上茬瓜拉秧后，密闭温室或大棚 10～15d，利用太阳能加温基质进行消毒。进行定植时可用 50%多菌灵可湿性粉剂或甲基硫菌灵，每亩 4kg 掺基质混匀后施于定植沟内进行消毒。

(4) 药剂防治　在定植后和结瓜前，选用 70%甲基硫菌灵 1 000 倍液、50%多菌灵粉剂 800 倍、40%混合氨基酸铜 800 倍液、50%苯菌特 1 500 倍液，按每千克药水灌 15～20 株，以后每 10d 灌 1 次，连续 2～3 次。药剂要交替使用，还要注意一定要早防、早治，否则防治效果不佳。此外定植后叶面喷施细胞分裂素 500～600 倍液，或 0.2%磷酸二氢钾溶液，或 S 诱抗素，以提高植株抗性。

3. 生物防治　将非致病性尖孢镰刀菌和恶臭假单胞菌混合培养施入土壤，可抑制致病尖孢镰刀菌厚垣孢子的萌发，对枯萎病的防治效果达 50%；利用人工诱变技术将黄瓜专化型尖孢镰刀菌转变为非致病株，在整个生长过程中不但对黄瓜枯萎病起到了明显的防治作用，而且对根鲜重、株高、产量等都有着显著的刺激作用。研究表明 *Paenibacillus* sp. 300 和 *Strptomyces* sp. 385 两种几丁质酶产生菌以 1∶1 和 4∶1 混合时防治效果最佳，防效分别为 71.4%和 64.3%。科学家从植物根际土壤中分离出一株具有 ACC 脱氨酶活性的促生、拮抗的双功能假单胞菌 M18。用 M18 活菌浸种春黄瓜种子，黄瓜枯萎病的发病率可下降 70%～80%，同时提高产量达 20%以上。

八、黄瓜绿粉病

【英文名】 Cucumber green powdery disease.

【病原中文名】 绿藻门集球藻。

【病原拉丁学名】 *Palmellcoccus* sp.

【病原分类地位】 绿藻门卵囊藻科集球藻属。

【病害类型】 藻类。

【主要寄主】 多数蔬菜作物。

【地理分布】甘肃省靖远、白银、武威、张掖、高台等市县。

【危害部位】叶片、茎蔓、残花。

【危害症状】黄瓜发病初期，叶片的正、背面出现不规则黄绿色小粉团，常自叶正面的叶脉处发生，后扩大并相互汇合覆盖全叶，呈黄绿色丝绒状粉层。病叶叶脉多皱缩、变形，叶肉较粗糙。严重时叶柄、卷须、残花、蔓均可受害，覆盖一层绿粉。病害多自基部叶片发生，向上蔓延扩展，乃至全株发病。

【侵染循环】藻孢可能来自棚架的竹竿上，因这种材料一般来自多雨潮湿的南方地区，或可能以某种形态存在于当地栽培介质中，由于条件不适，未能发生。具体原因不详。

【传播因子】不详，可能与气流有关。

【发病因素】黄瓜绿粉病发生与高湿密切相关。当每天相对湿度不低于80%，且相对湿度100%保持12h以上或叶面有水膜，则有利于藻孢的生长发育；当每天相对湿度100%保持时间低于12h，或相对湿度70%～80%时间大于2h，并出现1h以上相对湿度70%时，能抑制藻孢的生长发育，并开始死亡，特别是相对湿度65%以下的低湿时，藻孢迅速死亡。温度对藻孢的生长发育影响不明显。该病害多在温室生产的1～3月发生，与湿度密切相关。此外灌水次数多、水量大、密植等增大温室湿度的因素均会加重发病。

【防治方法】主要采用农业防治方法。

（1）消毒　对造棚的竹竿进行消毒处理，可以在干燥的通风处放置。

（2）降低温室湿度　在发病严重的地区采用膜下滴灌的方式，不能大水漫灌，合理调节温湿度，减少叶片结露的时间；日光温室在早晨外界温度允许的情况下，通风0.5～1h进行排湿，上午闭棚，温度控制在28～30℃，超过30℃进行通风，加强通风排湿；下午温度降到20～25℃，相对湿度为60%～70%保证叶片上没有水滴；当外界温度在10℃以上时，傍晚可以进行2h左右的通风处理，可以大大减少夜间吐水50%左右，夜间闭棚后，温度保持在

15℃左右，保证叶片结露的时间不超过2h。

（3）加强栽培管理　合理密植，及时的打掉植株下部的老叶黄叶病叶，以利于通风透光，增施磷钾肥，提高植株的抗性。

九、黄瓜蔓枯病

【英文名】 Cucumber gummy stem blight.

【病原中文名】 无性态为半知菌亚门腔孢纲球壳孢目壳二孢属西瓜壳二孢，有性态子囊菌亚门甜瓜球腔菌。

【病原拉丁学名】 *Ascochyta citrallium* Smith.

【病原分类地位】 无性态为半知菌亚门腔孢纲球壳抱目壳二孢属，有性态子囊菌亚门门甜瓜球腔菌。

【病害类型】 真菌。

【主要寄主】 葫芦科蔬菜。

【危害部位】 叶片、茎蔓、果实。

【危害症状】 越冬茬和冬春茬栽培的黄瓜易发病，多在成株期，主要危害叶片、茎蔓、果实。叶部发病，病斑自叶缘呈"V"形向内蔓延，叶片染病初期表现为水渍状病斑，病斑周围有黄色晕圈，而后病斑整延扩大，为浅褐色，后期上面长有许多小黑点，轮纹不明显，易破碎穿孔。茎蔓发病从叶柄和茎蔓节部开始，病斑呈椭圆形，白色，易流出白色的胶状物质，后期变为琥珀色，发病后期病部变黄褐干缩，上面密生小黑点，严重的纵裂成乱麻状物，引起蔓枯。蔓枯病多从茎表面向内部发展，维管束不变褐色。病菌侵染花器后，可向瓜顶端蔓延，导致果实顶端水渍状腐烂，果实变黑，果肉腐烂，严重影响果实品质，后期可见琥珀色胶状物产生。

【侵染循环】 病菌多以菌丝体、子囊孢子和分生孢子器在栽培介质、病残体、墙面、架杆上越冬，种子也可带菌，成为夏季发病的初侵染源。分生孢子萌发产生菌丝侵染，而后分生孢子靠风雨溅散或灌水传播，进行再侵染。病菌还可通过气孔、水孔和伤口侵染植物体。

【传播因子】 种子、栽培介质、病残体、气流、雨水。

【发病因素】中高温、高湿是发病的主要因素。当棚里温度在18～25℃，相对湿度高于85%时易发生此病；另外，湿度大、连作地、种植过密、通风不良、施氮肥过多、长势弱、光照不足，发病也重。

【防治方法】

1. 农业防治 进行合理轮作，每茬作物拉秧后彻底清除作物的枯枝落叶及残体，集中高温堆沤发酵，杀灭病菌；选用抗病品种；选用无病种子，可用52～55 ℃温水浸种20～30min后催芽播种。也可用种子重量0.3%的50%扑海因可湿性粉剂拌种；适当降低种植密度，采用地膜覆盖，膜下滴灌，施用充分腐熟的有机肥，适当增施磷肥和钾肥，生长中后期注意适时追肥，避免脱肥。发病后加强管理，保护地注意通风。要栽培过程中抹除残败的花、卷须，去除老叶都可以有效控制病害的发生。另外，由于不同地区气候条件不同，选择适当的播种期也是一种有效的辅助方法。

2. 化学防治 定植期间用10%苯醚甲环唑水分散粒剂1 000倍液，或75%敌磺钠可溶性粉剂1 000倍液灌根，可以有效预防病菌的感染或消除部分菌源，发病初期选用32.5%苯醚甲环唑·嘧菌酯悬浮剂1 000倍液进行喷雾，对植株中下部茎蔓及叶片要重点喷施，可间隔5～7d喷1次，连喷3～4次。对于发病严重的茎蔓，可用毛笔蘸10%苯醚甲环唑水分散粒剂200倍液或75%甲基硫菌灵可湿性粉剂200倍液涂抹病斑部位，防效明显，尤其对流胶处伤口愈合有促进作用。

十、黄瓜霜霉病

【别名】黑毛、干叶子。

【英文名】Cucumber downy mildew.

【病原中文名】古巴假霜霍菌。

【病原拉丁学名】*Pseudoperonospora cubensis*（Berk. et Curt.）Rostov.

【病原分类地位】鞭毛菌亚门。

【病害类型】真菌。

【主要寄主】葫芦科蔬菜。

【危害部位】叶片。

【危害症状】整个生育期均可发病。主要危害叶片。子叶受害初，正面呈不规则褪绿色黄斑，扩大后变黄褐色。成株期叶片发病，多在植株进入开花结瓜以后，通常从下部叶片开始发生。发病初期叶缘或叶背面出现水渍状病斑，早晨或潮湿时更为明显；后期病斑逐渐扩大，受叶脉的限制，病斑为多角形黄褐色，不形成穿孔；湿度大时，叶背病斑处产生紫黑色的霉层，条件适宜，发病迅速，病斑连片，叶缘卷缩干枯，严重的整片枯黄。日光温室南部发病严重，进行越冬栽培的黄瓜，在2月温度回升期间，植株新生的中上部叶片发病严重。

【病原特征】孢囊梗1～3根从气孔伸出，长165～420μm，主轴长105～209μm，粗3.3～6.5μm，基部略膨大，上部分枝3～5次。孢子囊呈椭圆形至卵圆形，浅褐色，具乳突，萌发时释放游动孢子。卵孢子呈球形、黄色、表面平滑，直径22～42μm，多生在腐败的叶片组织中。孢子囊可在自然环境中直接萌发，长出芽管，温度较低时，孢子囊可以直接释放出游动孢子，然后在水中游动一段时间后形成休止孢子，孢子萌发产生芽管，靠吸器侵入寄主细胞产生危害，吸取寄主营养供自身所需。

【侵染循环】在日光温室栽培的黄瓜植株可以周年危害。病原菌在叶片上越冬、越夏，也可以靠季风从邻近地区把孢子囊吹来。病菌以孢子囊或菌丝体从叶面的气孔或水孔侵入，在叶面上繁殖后靠气流、灌溉水、农事操作传播。

【传播因子】气流、水、农事操作。

【发病因素】较低温度、高湿、昼夜温差大，夜间叶面结露时间3h以上是发病的诱因。适宜的发病相对湿度为85%以上，特别在叶片有水膜时，最易受侵染发病。此外阴天多雨后突晴、昼夜温差大、地势低洼、积水、栽培过密、叶片大薄、坐瓜多、缺乏磷钾肥和生长衰弱均会加重病情。

【防治方法】

1. 农业防治

（1）选择抗病品种种植　抗病品种是防治霜霉病的有效手段，生产上抗病品种有津优 10、津优 35、中农 21、中农 16、鲁蔬 869 等。

（2）进行嫁接　利用黑籽或白籽南瓜作为砧木，以抗霜霉病的黄瓜品种作为接穗，嫁接后不但能够有效地防治霜霉病，还能减轻疫病、枯萎病的发生。

（3）栽培槽覆膜栽培　进行膜下沟间灌水或滴灌的方式进行栽培可以有效地降低棚内相对湿度 15％～20％。

（4）生态调控　霜霉病的发生与叶片结露密切相关，减少叶片的结露时间可以有效地防治霜霉病的发生。日光温室在早晨外界温度允许的情况下，通风 0.5～1h 进行排湿；上午闭棚，温度控制在 28～30℃，超过 30℃进行通风，加强通风排湿；下午温度降至 20～25℃，相对湿度为 60％～70％保证叶片上没有水滴，外界温度在 10℃以上，傍晚进行 2h 左右的通风处理，可以大大减少夜间吐水 50％左右；晚上闭棚后，温度保持在 15℃左右，保证叶片结露的时间不超过 2h。该方法可以防治黑星病、灰霉病、细菌性角斑病。

（5）高温闷棚　选择晴天将发病严重的病叶打掉，进行打药，后浇大水，次日的上午进行高温闷棚。方法为关紧风口，在黄瓜生长点处悬挂好温度计，温度上升到 45℃，持续 2h，可有效地抑制病原菌的蔓延。闷棚时当温度上升到 40℃时，进行风口调节，使温度缓慢上升到 45℃，维持 2h，由小到大开始通风，慢慢降低温度，闷棚温度切忌超过 47℃，若生长点小叶开始抱团甚至打弯，要及时通风，以免受伤。闷棚结束后，要加强管理。该方法还可以防治黑星病、灰霉病、黑斑病等。

（6）营养防治　研究表明，黄瓜植株内糖含量降低时，容易诱发黄瓜霜霉病，因此可以进行人工补糖，维持植株体内的 C/N 比平衡，使植株增强抵抗力，补充糖分的方法为喷雾，每间隔 5d 在叶背面喷施补充糖分 1 次，喷时添加尿素和水，比例为尿素 0.2kg、糖 0.5kg、水 50kg，严格控制用量，若尿素过多，容易发生肥害。

2. 化学防治

（1）烟雾法　在发病初期每亩用 45%百菌清烟剂 200g，分放在棚内 4～5 处，用香或卷烟等暗火点燃，发烟时闭棚，熏 1 夜，次晨通风，隔 7d 熏 1 次，可单独使用，也可与粉尘法、喷雾法交替轮换使用。粉尘法于发病初期傍晚用喷粉器喷撒 5%百菌清粉尘剂，或 5%春雷·王铜粉尘剂，每亩 1kg，隔 9～11d 喷 1 次。

（2）药剂防治　发现中心病株后首选 72.2%霜霉威水剂 800 倍液防治，也可选用 72%杜邦克露或克霜氰或霜脲·锰锌可湿性粉剂 600～700 倍液、75%百菌清可湿性粉剂 600 倍液和 64%恶霜·锰锌可湿性粉剂 400 倍液防治，交替施用，隔 7d 用药一次。

霜霉病、细菌性角斑病混发时，为兼防两病，枯部可喷氢氧化铜 1 500 倍液或 47%春雷·王铜可湿性粉剂 600 倍液等防治。霜霉病与白粉病混发时，可选用 40%三乙膦酸铝可湿性粉剂 200 倍液加 15%三唑酮可湿性粉剂 2 000 倍液防治。霜霉病与炭疽病混发时，可选用 40%三乙膦酸铝可湿性粉剂 200 倍液加 25%多菌灵可湿性粉剂 400 倍液、25%多菌灵可湿性粉剂 400 倍液加 75%百菌清可湿性粉剂 600 倍液，兼防两病。对上述杀菌剂产生抗药性的地区可选用 69%烯酰吗啉·锰锌可湿性粉剂 1 000 倍液。

3. 生物防治　以化学药剂为主的化学防治的措施更容易产生抗药性，同时会造成环境污染，所以生物防治成为目前黄瓜霜霉病防治研究新方向，研究表明，从不同生长环境中的黄瓜上分离和筛选出了具有拮抗作用的生防细菌，并且证明复合菌剂较单剂而言具有较好的防病效果和增产效果。发病后，用农抗 120 稀释 200 倍进行喷雾防治，间隔 5d 喷雾一次，连续喷雾 2～3 次。在防治黄瓜霜霉病的同时对黄瓜白粉病也有较好的效果。另外，据报道，韩国 SK 公司生产的 99%绿颖农用喷淋油对黄瓜白粉病具有较好的防治作用，作为一种无公害矿物农药，生产上使用以200～300倍稀释液为宜，在发病前或发病初期进行喷雾防治，隔8d施药1次，施药2～3次可以达到比较好的防治效果。

4. 臭氧防治　使用温室病害臭氧防治器。臭氧防治必须控制时间在20min以内，浓度必须控制在7～10mg/kg，在这个时间和浓度下防治病害效果能达到90%以上，超出时间和浓度严重时会导致全棚毁秧。

十一、黄瓜炭疽病

【英文名】Cucumber anthracnose.

【病原中文名】葫芦科刺盘孢。

【病原拉丁学名】*Colletotrichum orbiculare*（Berk. et Mont.）.

【病原类型】真菌。

【主要寄主】葫芦科、十字花科、豆科、茄科蔬菜作物。

【危害部位】茎蔓、叶片、果实。

【危害症状】黄瓜各生育期的茎蔓、叶片、果实均可被危害，幼苗发病，多发生在子叶边缘，病斑初期为黄褐色半椭圆形或圆形，后期呈深褐色，上生小黑点或橙黄色点状胶质物，病斑干裂破损，严重时幼苗茎基部变为黑褐色，并缢缩折倒。成株期叶片发病时，初为水渍状小斑点，逐渐变为褐色或红褐色圆斑，后期汇合成规则的大斑，病斑干燥后穿孔。茎蔓和叶柄发病时，病斑呈椭圆形或梭形，稍凹陷，初呈水渍状、淡黄色，以后变成深褐色，严重时病斑绕主蔓或叶柄1周，植株上部枯死。病斑后期出现许多小黑点，潮湿时长出粉红色黏稠物。瓜条症状表现为表面形成淡绿色圆形凹陷，病斑近圆形中部有小黑点。瓜条病变后期严重时，粉红色黏稠物会产生于病斑表面，湿度较小情况下产生病斑的地方会干裂并露出内部果肉。一般的幼嫩瓜条不易患病，多数病害发生在大瓜、种瓜。作物在茎部发生病变，节处会出现不规则形状的黄色病斑，轻微凹陷，会流胶，最严重的时候茎部折断。

【侵染循环】病菌以菌丝体附着在种子表面，或随病残体在栽培介质中越冬，此外设施棚架以及棚室防寒设备表面都可以带菌。菌丝体和拟菌核越冬后条件适宜发育形成孢子盘，产生大量分生孢子，潜伏在种子上的菌丝体也能直接侵入子叶引起幼苗发病，成为初侵染源。寄主染病后，在病斑上形成分生孢子，进行再侵染。在生产活动中种子的异地调运也可以造成病害的异地、远距离的传播。雨水、灌溉、气流以及某些昆虫都可以传播病害。一般近地面叶子先发病。

【传播因子】土壤、基质、病残体、种子、设施棚架。

【发病因素】高温、高湿是发病的主要因素。发病温度 10～30℃，最适温度为 24℃左右，相对湿度为 95％时发病严重。气温超过 28℃以上、相对湿度降至 5％以下发病较轻或不发病。连作重茬、氮肥过多植株徒长、地势低洼、排水不良、灌水过多、大棚通风不良、过度密植等因素，均能引起严重发病。

【防治方法】

1. 农业防治

（1）使用无病种子　从无病株或无病果实中采种。带病的种子要进行消毒，用甲醛 100 倍液浸种 30min 洗净后播种，或用 55℃温水浸种 30min 均可杀死种子表面病菌。

（2）加强栽培管理　清洁棚室，旧苗床选用无病基质或进行基质消毒；合理密植，配方施肥，及时绑蔓，打老叶，加强通风透光；采用地膜覆盖的方式进行栽培槽栽培，浇水方式为膜下浇灌；及时通风排湿，相对湿度控制在 70％以下。

2. 化学防治

（1）种子消毒和苗床基质消毒　种子可以用温汤浸种或甲醛消毒，具体见农业防治方法。床上的消毒处理，每平方米苗床基质用 70％五氯硝基苯 10g 加 65％代森锰锌 20g 混匀，用 1/3 药基质垫底，2/3 药基质播种后覆在种子上。

（2）药剂防治　发病初期先清除病残体后及时喷药进行防治。可选用 52.5％的易保水分散粒剂 1 500～2 000 倍液、62.5％腈菌唑锰锌可湿性粉剂 1 000～1 500 倍液，多种药剂交替施用，可以延缓抗药性，收获期每隔 7～10d 喷 1 次，连续喷 3～4 次。

十二、黄瓜细菌性角斑病

【英文名】 Cucumber bacterial angular leaf spot.

【病原中文名】 丁香假单胞菌黄瓜角斑病致病型。

【病原拉丁学名】 *Pseudomonas syringae pv. lachrymans* (Smith et Bryan) Young.

【病原分类地位】 丁香假单胞菌属。

【病害类型】 细菌。

【主要寄主】 黄瓜等葫芦科、十字花科、豆科。

【危害部位】 叶片、瓜条。

【危害症状】 病斑多角形浅褐色，潮湿时有白色菌脓，后期干燥穿孔。主要危害叶片，初期叶面形成针状大小的褪绿小斑点，叶背为鲜绿色水渍状斑点，表面凹陷，周围有油渍状晕圈，发病后期颜色变为浅褐色，病斑的发展受到叶脉限制呈多角形，潮湿时叶背有白色菌脓，后期干燥穿孔。瓜条受到感染后也出现水渍状小点，随后发展为不规则病斑，病斑常形成溃疡和裂口，病菌可沿维管束向内扩展，深入到种子，致种子带菌。

【病原特征】 菌体短杆状互相连接呈链状，端生 1～5 根鞭毛，大小为（0.5～1.0）μm×（1.4～4.0）μm，有荚膜，无芽孢，革兰氏染色阴性。在金氏 B 平板培养基上，菌落白色，近圆形或略呈不规则形，扁平，中央凸起，污白色，不透明，具同心环纹，边缘一圈薄且透明，菌落直径为 5～7mm，外缘有放射状细毛状物，产生在紫外线下可视的荧光色素。在蔗糖培养基上，产生果聚糖，菌落呈黏性。

【侵染循环】 病菌随种子或病残体在栽培介质越冬，成为翌年初侵染源。种子带菌率为 2%～3%，病菌由叶片或瓜条伤口、气孔、水孔侵入，进入胚乳组织或胚根的外皮层，造成种子内部带菌。初侵染大多从近地面的叶片和瓜条开始，然后逐渐扩大蔓延。

此外，采种时病瓜接触污染的种子可致种子表面带菌。病菌在种子内可存活1年，在土壤中的病残体上，夏季可存活10～20d，冬季可存活3～4月。播种带菌种子，出苗后子叶发病，病菌在细胞间繁殖，保护地黄瓜病部溢出的菌脓，借棚顶大量水珠下落，或结露及叶缘吐水滴落、飞溅传播蔓延，进行多次重复侵染。露地黄瓜蹲苗结束后，随雨季到来和田间浇水开始发病，病菌靠气流或雨水逐渐扩展，一直延续到结瓜盛期，之后随气温下降，病情缓和。

【传播因子】种子、土壤、基质、病残体、气流、雨水、昆虫。

【发病因素】病菌喜温暖潮湿的环境，发病温度范围4～40℃；黄瓜细菌性角斑病适宜温度为24～28℃，空气相对湿度在75%以上；温度高于35℃或低于12℃不易发病。病斑大小与湿度有关，夜间饱和湿度持续时间大于6h，叶片病斑大；湿度低于85%，或饱和湿度持续时间不足3h，病斑小；在高温多雨，地势低洼积水，多年连茬，肥水管理不当，尤其是保护地栽培轮作困难，棚室内高温高湿，密植等，都易引起发病。昼夜温差大，结露重且持续时间长，发病加重。

【防治方法】

1. 农业防治

（1）选用无菌的种子　应从无病菌的繁种田进行繁种，选择无病瓜留种。

（2）及时清洁棚室　清除病残体，对日光温室进行太阳能消毒处理。

（3）生态调控　具体做法是早晨在室外温度允许的情况下，放风以排除湿气。

（4）轮作　与葱蒜类或白菜类蔬菜进行轮作。

（5）种子处理　瓜种用70℃恒温干热灭菌72h，或用55℃温汤浸种20～30min，捞出晾干后催芽播种，或转入冷水浸泡4h后催芽播种。并采用无菌基质进行育苗。

2. 选用抗病耐病植株　新津春4号、绿丰园8号等为高抗品种；津研 2 号、津研 6 号、津早 3 号、黑油条、夏青、全青、鲁青、光明、鲁黄瓜 4 号、87－2 等为中度抗病品种。

3. 化学防治

（1）种子消毒　利用新植霉素 200mg/L 浸种 1～2h 或次氯酸钠 300 倍液浸种 30～60min，捞出洗净催芽；也可用 33g/L 的丙酸钙水溶液或酒石酸或 50g/L 的醋酸铜溶液浸泡黄瓜种子 20min，将种子捞出后用大量清水冲洗 1～2 次，然后催芽播种，能有效杀死种子表面携带的原菌，且不影响种子发芽。

（2）药剂防治　发病初期选用 46.1%氢氧化铜 1 000～1 500 倍液加 3%中生菌素可湿性粉剂 800 倍液，每隔 7～10d 喷 1 次，视病情决定施药次数。铜制剂施用次数不能超过 3 次，以免引起药害。在河北省黄瓜细菌性角斑病与黄瓜霜霉病常混合发生，且症状较为相似，农户难于区分。可采用 50%甲霜铜可湿性粉剂 600 倍液、或 50%氢氧化铜 500 倍液喷雾，兼治这两种病害，施药间隔 5～7d，视病情严重程度施药 3～4 次；或采用 12%松脂酸铜制剂，每亩用量 175～233.3mL，对水 50L，于病害发生初期开始喷药，视病情严重程度连续施药 2～4 次，施药间隔期 7～10d，施药时要注意叶片正反面均要喷透。该药剂对黄瓜安全，对同期发生的黄瓜霜霉病等有一定的兼治效果。施用博瑞杰无机铜制剂是细菌性病害预防制剂，施用 30%王铜悬浮剂 600 倍液，每 6d 喷洒 1 次，2 次即可防治黄瓜细菌性角斑病。

4. 生物防治　解淀粉芽孢杆菌 BC79 可湿性粉剂 1 000～1 500 倍液，发病初期连续使用 3 次，防效明显。并且能提高黄瓜中氨基酸总量和维生素 C 含量，提升黄瓜品质。

十三、黄瓜疫病

【别名】 卡脖子、死秧、瘟病。

【英文名】 Cucumber Phytophthora Blight wilt.

【病原中文名】 德氏疫霉。

【病原拉丁学名】 *Phytophthora drechsleri* Tucker.

【病原分类地位】 鞭毛菌亚门疫霉属的黄瓜疫霉菌。

【病害类型】 真菌。

【主要寄主】 葫芦科。

【危害部位】 茎基部、叶片，嫩基节部、生长点、果实。

【危害症状】 苗期至成株期均可染病，保护地栽培主要危害茎基部、叶及果实。幼苗染病，开始在嫩尖上出现暗绿色、水渍状腐烂，逐渐干枯，形成秃尖，不倒伏。叶片上产生圆形或不规则形、暗绿色、水渍状病斑，边缘不明显，高湿度条件下病斑扩展快，直至整叶腐烂；湿度较低的环境下，病斑扩展相对较慢，边缘处为深绿色，中间呈淡褐色，叶片干枯且容易脆裂。湿度大时腐烂，干燥时呈青白色，易破碎。茎基部也易感病，造成幼苗死亡。成株发病，主要在茎基部或嫩茎节部，出现暗绿色水渍状斑，后变软，显著缢缩，病部以上叶片萎蔫或全株枯死，同株上往往有几处节部受害，维管束不变色；叶片染病产生圆形或不规则形水渍状大病斑，直径可达 25mm，边缘不明显，扩展迅速，干燥时呈青白色，易破裂，病斑扩展到叶柄时，叶片下垂。瓜条或其他任何部位染病，开始初为水渍状暗绿色，逐渐缢缩凹陷，潮湿时表面长出稀疏白霉，迅速腐烂，发出腥臭气味。

【病原特征】 黄瓜疫霉菌菌丝无色透明、分支较多，容易局部膨大呈节状体或肿瘤状。通过菌丝体膨大分化出细长的孢囊梗，并在孢囊梗顶端进一步生成孢子囊，孢子囊呈乳突状、柠檬型，长度大约在 20～90μm，因此可采用形态学方法对黄瓜疫霉菌进行初步鉴定。黄瓜疫霉菌的孢子囊具有两个重要功能，生成芽管和生成游动孢子，游动孢子通过排孢孔被释放到外部。在菌丝顶端或者菌丝中间也可形成厚垣孢子，这种孢子具有无性特征，通常位于菌丝的顶部或者中部，大小约在 20～60μm 范围内。但黄瓜疫霉菌一般不容易产生厚垣孢子。

【侵染循环】 病菌以菌丝体、卵孢子、厚垣孢子随病残体在栽培介质或粪肥中越冬。第二年条件适宜长出孢子囊，借风、雨、灌溉水传播蔓延到寄主上，萌发后直接穿过表皮进入寄主体内。植株发病后，病斑上新产生的孢子囊及其萌发后形成的游动孢子，借气流、雨水等传播，进行再侵染，使病害迅速扩散。播种带菌的种子，也可以引起发病。

【传播因子】种子、土壤、基质、肥料。

【发病因素】棚室内高温高湿，是此病发生的重要因素。病菌发育的温度范围为5～37℃，适温28～30℃，在适温范围内，湿度是此病流行的决定因素。设施栽培棚室内温度适宜，浇水过大，或地下水位高，湿度大，发病严重。另外，地势低洼不平，排水不良，肥料不足，重茬地，植株生长瘦弱，栽培基质不洁及施用带病残物或未腐熟的厩肥发病也重。

【防治方法】

1. 农业防治

（1）选用抗疫病的品种　采用黑籽南瓜与黄瓜进行嫁接，可防疫病和枯萎病。

（2）轮作或覆膜　与非瓜类作物实行5年以上轮作，覆盖地膜阻挡病菌溅附到植株上，减少侵染机会。采用栽培槽栽植，避免积水。苗期控制浇水，结瓜后做到见湿见干，发现疫病后，浇水量减到最低，控制病情扩展；但进入结瓜盛期要及时供给所需水量，严禁雨前浇水。做到及时检查，发现中心病株，拔除深埋。拉秧后及时清洁田园。施用充分腐熟的有机肥，避免带有病残体和病菌的肥料进入。

2. 化学防治

（1）种子消毒　选用72.2%霜霉威水剂、25%甲霜灵可湿性粉剂800倍液、50%复方多菌灵胶悬剂500倍液浸种30min，水洗后进行催芽育苗。

（2）基质消毒

①苗床基质处理。每平方米苗床基质用77%硫酸铜钙可湿性粉剂8g混匀撒在苗床上，或对水10L喷洒，喷洒后将基质装入穴盘或营养钵内。

②大棚处理。在定植或直播前15～20d，采用净化剂（石灰

氮）与太阳能高温消毒相结合处理基质。收获后清洁棚地植株和病残体，要求基质湿度在60%～70%条件下，每亩用石灰氮50～75kg，加腐熟的牛粪或畜禽粪，均匀撒施。定植前3～5d揭膜，进行移栽定植。

3. 药剂防治 在发病前或雨季到来之前，喷一次保护性杀菌剂，如96%"天达恶霉灵"粉剂3 000倍液、75%猛杀生干悬浮剂600倍液、代森锰锌600倍液；或者定植时需用77%硫酸铜钙可湿性粉剂600倍液灌穴，每穴0.1kg药水。返苗后，可用77%硫酸铜钙可湿性粉剂600倍液灌根，或72%霜脲·锰锌可湿性粉剂800～1 000倍液喷茎基部和基质表面，隔10～15d喷1次，或视病情发展而定，连用2～3次。同期还可喷施诱抗剂6%阿波罗963水剂1 000倍液或0.5%OS-施特灵水剂600倍液。发病时，要及时拔除病株，立即选用50%烯酰吗啉可湿性粉剂500倍液、60%唑醚·代森联可分散粒剂1 500倍液、25%吡唑醚菌酯乳油3 000倍液、66.8%霉多克可湿性粉剂800倍液、72.2%霜霉威水剂800倍液、40%三乙膦酸铝可湿性粉剂400倍液、72%霜脲·锰锌可湿性粉剂800倍液、25%嘧菌酯胶悬剂1 500倍液、68%金雷水分散粒剂500倍液，隔7～10d用药1次，病情严重时可以5d用药1次，交替施用，连续防治3～4次。

4. 生物防治 科学家研究筛选出一株编号为P78的细菌能够对瓜类疫霉菌产生良好拮抗作用，通过摇瓶发酵后接种于室温生长的黄瓜植株上发现，拮抗菌对黄瓜疫病的防治效果平均达到95.2%。对黄瓜疫霉菌拮抗菌进行筛选得到放线菌X54和细菌P3，并进行发酵条件优化，使拮抗菌对黄瓜疫霉菌产生更佳的抑制效果。通过研制复合菌剂PB12防治黄瓜疫病。不过这种生物菌的生产以及仓储和运输过程都需要被严格监控，而且技术极为繁杂，可操作性极差。除此之外，在投入使用中，见效慢且效果不稳定，这些缺点导致生产上尚未形成规模化，厂商使用积极性不高，因而在推广应用方面存在一定难度。

第三节　虫害的识别及防治

一、茶黄螨

【别名】侧多食跗线螨、黄茶螨、茶半跗线螨、茶嫩叶螨。

【拉丁学名】*Polyphagotarsonemus latus*（Banks）.

【生物学特征】茶黄螨属于蜱螨目，跗线螨科。全国都有分布，杂食性，可危害30科70多种作物。螨虫个体很小，成年雌螨长约0.21mm，椭圆形，较宽阔，腹部末端平圆。淡黄色至橙黄色，表皮薄呈半透明状。体背部有一条纵向白带，足较短。雄螨稍小，长约0.19mm。卵椭圆状，无色透明，表面具纵列瘤状突起。1年可发生20～30代，有世代重叠现象，以成螨在土缝、基质、蔬菜及杂草根际越冬，靠爬行、风力、工具及苗木、人工传播扩散。

【危害症状】成螨和幼螨多集中在作物幼嫩部分刺吸危害，危害黄瓜时主要危害黄瓜的新生叶和嫩叶，被害叶片背面呈灰褐色或黄褐色，带油状光泽，使得叶片变小，增厚僵直，叶缘向背面弯曲，皱缩，变硬发脆。由于螨体极小，肉眼难以观察识别，上述特征常被误认为生理病害或病毒病害。

【防治方法】

1. 物理防治　拔除苗床和棚室周围的杂草，收获后及时彻底清除枯枝落叶，减少虫源。培育无虫健康秧苗，移栽前喷药，做到带药定植。

2. 药剂防治　选用1.8%阿维菌素乳油3 000倍液、20%复方浏阳霉素乳油1 000倍液、5%噻螨酮2 000倍液加1.8%阿维菌素3 000倍液、5%氟虫脲乳油1 000～2 000倍液、20%双甲脒乳油1 000倍液、15%哒螨灵乳油2 500～3 000倍液、2.5%联苯菊酯乳油3 000倍液喷雾。喷药时，因螨类害虫怕光，故常在叶背取食，喷药应注意多喷植株上部的嫩叶背面、嫩茎、花器和嫩果上。为提高防治效果，可在药液中混加增效剂或洗衣粉等。

3. 生物防治　利用尼氏钝绥螨、德氏钝绥螨、具瘤长须螨等天敌进行控制。

二、瓜绢螟

【别名】瓜螟、瓜野螟。

【拉丁学名】*Diaphania indica* (Saunders).

【生物学特征】瓜绢螟属鳞翅目螟蛾科，成虫体长10～13mm，翅展约25mm，头、胸黑色，腹部白色，末端具黄色毛丛，前后翅白色透明，略带紫色，前翅前缘和外缘、后翅外缘呈黑色宽带。翅白色半透明，闪金属紫光。前翅沿前缘、翅面及外缘有一条淡墨褐色的色带，翅面其余部分为白色三角形，缘毛为墨褐色。后翅白色半透明，有闪光。老熟幼虫体长23～26mm，头部、前胸背板淡褐色，胸腹部草绿色，亚背线呈两条较宽的乳白色纵带，气门黑色。卵扁平，椭圆形表面有网纹。蛹长约14mm，深褐色，头部光整尖瘦，翅端达第六腹节。外被薄茧。专家提示：成虫夜间活动，稍有趋光性，卵产于叶片背面，散产或几粒在一起。成虫寿命6～14d。幼虫共4龄，3龄后卷叶取食，幼虫期为9～16d。瓜绢螟产卵具有选择性，喜欢在长势旺盛的植株上产卵。对于同一植株，85%以上的卵分散或数粒一起产在植株的中上部。老熟幼虫通常在被害卷叶内、附近杂草或土壤表层吐丝结茧化蛹。成虫昼伏夜出，具有趋光性。在25～30℃条件下，瓜绢螟完成一世代需要16～25d。

【危害症状】以幼虫食害瓜类叶肉、瓜肉。低龄幼虫常十几头或数头群集于叶背啃食，造成许多灰白色斑点，3龄以后吐丝把叶片或嫩梢缀褶起来，幼虫匿居卷叶内取食，致使丝瓜叶片成纱笼状的穿孔或缺刻，失去光合作用，严重时整个瓜棚的叶片被吃光，仅剩下叶脉。幼虫还蛀入瓜内危害，引起烂瓜，影响产量和品质。

【防治方法】

1. 物理防治 提倡采用防虫网，防治瓜绢螟兼治黄守瓜。及时清理种瓜的棚室，清理棚室内的枯叶、枯蔓，消灭藏匿于枯藤落叶中的虫蛹。生长期间加强瓜园检查，当发现低龄幼虫群集在叶片上危害时，进行人工摘除有虫叶或人工杀之。提倡用螟黄赤眼蜂防治瓜绢螟。

2. 化学防治　在幼虫1～3龄时，选用2%阿维菌素乳油2 000倍液、2.5%溴氰菊酯乳油1 500倍液、20%氰戊菊酯乳油2 000倍液、48%毒死蜱乳油1 000倍液、5%高效氯氰菊酯乳油1 000倍液喷洒。

3. 生物防治　有条件蔬菜园区，提倡采集、保护、饲养、释放天敌，以天敌控制瓜绢螟发生与危害。目前国内外关于瓜绢螟天敌的研究主要围绕在生物学特性、田间寄生率等方面。据统计，现已鉴定的瓜绢螟天敌有20余种，包括寄生性天敌拟澳洲赤眼蜂、瓜螟小室姬蜂、瓜螟绒茧蜂、菲岛扁股小蜂、棱角肿腿蜂、绢野螟绒茧蜂、黑点瘤姬蜂等，捕食性天敌蚂蚁、蜘蛛、步甲等，以及病毒和一种微孢子虫。调查发现，田间拟澳洲赤眼蜂的寄生率以8～10月较高，瓜螟绒茧蜂在全年均可寄生瓜绢螟幼虫，田间寄生率在14.33%～29.73%，而菲岛扁股小蜂田间寄生率通常在10%以下。将所摘卷叶放在寄生蜂保护器中，可使害虫无法逃走，而寄生蜂可以安全回到田间。

三、红蜘蛛

【别名】朱砂叶螨、棉红蜘蛛、大蜘蛛、大龙、砂龙等。

【拉丁学名】*Tetranychus cinnabarinus*.

【生物学特征】属真螨目，叶螨科。成螨雌体长0.48～0.55mm、宽约0.32mm，椭圆形，体色常随寄主而异，多为锈红色至深红色，体背两侧各有1对黑斑，肤纹突三角形至半圆形。雄体长约0.35mm、宽约0.2mm，前端近圆形，腹末梢尖，体色较雌浅。幼螨有3对足，若螨4对足，与成螨相似。卵长约0.13mm，球形，浅黄色，孵化前略红。

幼螨和前期若螨不甚活动。后期若螨则活泼贪食，有向上爬的习性。先危害下部叶片，而后向上蔓延。繁殖数量过多时，常在叶端群集成团，滚落地面，被风刮走，向四周爬行扩散。主要以卵或受精雌成螨在植物枝干裂缝、落叶以及根际周围浅土层、土缝、浅层基质等处越冬。翌年春天气温回升时，越冬雌成螨开始活动危害。先在叶片背面主脉两侧危害，逐渐遍布整个叶片。一般情况下，在5月中旬达到盛发期，7～8月是全年的发生高峰期，尤以6月下旬到7月上旬危害最为严重。该螨完成一代需要10～15d，既可以两性生殖，又可以孤雌生殖，雌螨一生只交配1次，雄螨可交配多次。越冬代雌成螨出现时间的早晚，与寄主本身的营养状况的好坏密切相关。寄主受害越重，营养状况越坏，越冬螨出现的越早；反之，到11月上旬仍有个体危害。

【危害症状】 主要危害植物的叶、茎、花等，刺吸植物的茎叶，使受害部位水分减少，表现失绿变白，叶表面呈现密集苍白的小斑点，卷曲发黄。发生量大时，在植株表面拉丝爬行，使植株发生黄叶、焦叶、卷叶、落叶和死亡。同时，红蜘蛛还是病毒病的传播介体。

【防治措施】

1. 农业防治 在整地时铲除棚室内杂草，清除残枝败叶，并将其烧掉或深埋，消灭虫源和寄主。温室育苗或大棚定植前进行消毒，消灭病菌及害虫。天气干旱时，注意浇水，增加棚室内湿度，抑制其发育繁殖。红蜘蛛危害主要发生在植株生长后期，因此后期栽培管理不能放松。

2. 药剂防治 可在4月上中旬越冬卵孵化之前，喷洒40%氧化乐果乳油800～1 000倍液，杀卵率可达95%。常用药剂有天诺螨帮1 500倍液、天诺护尔阿维炔螨特1 500倍液＋润周6号300倍液＋乐乐逗200倍液、1.8%农克螨2 000倍液、20% 双甲脒乳油2 000倍液、40%水胺硫磷乳油2 000倍液。以上药剂交替使用，每隔7～10d喷1次，连喷2～3次。也可采用0.5～1.0波美度石硫合剂、50%二溴化剂1 500倍液、40%氧化乐果乳油1 000～1 200倍液或80%敌敌畏乳油来喷杀成虫、幼虫、若螨，能够收到92%～100%的防治效果。

3. 利用天敌 害虫的自然天敌种类和数量很多，红蜘蛛的防治可通过在保护地内释放中华草蛉，花蝽及深点食螨瓢虫，束管食螨瓢虫，异色瓢虫，大、小草蛉，小花蝽和植绥螨等等天敌昆虫来防治。中华草蛉在幼虫期平均可以捕食1 392头全爪螨，最多可达2 584头。大量释放中华草蛉比一般单纯以化学防治的橘园，农药费用能够节省62.5%～83.5%，可减少生产投资近31.3%。

4. 物理防治　利用红蜘蛛不耐高温、高湿的性质进行防治。在（40±1）℃高温下，3种朱砂叶螨的生长发育都受到明显限制。试验结果表明，温度28～31℃内，除卵发育外，其他形态的螨发育历期都随着温度的升高而略有延长。

四、蓟马

【别名】棕榈蓟马、瓜蓟马。

【拉丁学名】*Thrips palmi*（Schmutz）.

【生物学特征】棕榈蓟马属于缨翅目蓟马科，全国各地都有分布，危害葫芦科、豆科、十字花科、茄科作物。发育适温为15～32℃，2℃仍可生存，生育期内世代重叠严重。成虫体长1mm，橙黄色，有强烈的趋光性和趋蓝色性，可在黄瓜植株上跳跃飞动，多在幼嫩部位取食；若虫黄白色，怕光，多聚集在叶背取食，3龄末期入土化蛹。卵长椭圆形，白色透明，长0.2mm左右。

【危害症状】以成虫和若虫锉吸黄瓜嫩梢、嫩叶花和瓜条的汁液，被害组织老化坏死，枝叶僵硬，植株生长缓慢，叶片黄褐色花叶，瓜条表皮硬化变褐，影响黄瓜的产量和品质。

【防治方法】

1. 物理防治　栽培时覆盖地膜，可明显减少出土危害的成虫数量。棚室的通风口、门窗增设防虫网。利用其趋蓝特性，在棕榈蓟马发生初期在田块张挂30cm×40cm蓝板诱杀，张挂密度每亩15～20块。也可悬挂黄色粘虫板。大棚设施栽培在换茬期间进行土壤消毒或夏季高温闷棚灭虫，减少蓟马转移到下茬作物上危害。

2. 农业防治　清除棚室内残株、杂草，消灭越冬虫源。管理好苗床，培育无虫苗，控制蓟马虫源基数。适时移栽，避开危害高峰。加强水肥管理，使植株生长健壮，增强耐害力。定植前清除、烧毁棚室附近的茄科植物，以减少虫源，防止扩散。

3. 化学防治 蓟马繁殖快，易于成灾，因此防治上应该早发现早用药，重点喷施幼嫩部位和叶片背面。由于蓟马也在地面和棚体上活动，因此温室内喷药时一定要全面，地面、棚体都要喷到，最好用烟雾剂进行熏蒸。目前灭杀蓟马的有效药物有：10%高效氯氰菊酯2 000倍液、克蓟乳油1 000倍液、3%啶虫脒乳油1 000～1 500倍液，1.8%阿维菌素乳油2 000倍液和10%吡虫啉可湿性粉剂2 000倍液，5%蚜虱净乳剂、10%甲氰菊酯乳油、10%虫螨腈悬浮剂。采取喷雾防治，每3～5d喷1次，连喷2～3次，轮换交替使用。此外，也可用苗期灌根法防治：在幼苗定植前用内吸杀虫剂25%噻虫嗪水分散剂3 000～4 000倍液，每株用30～50mL灌根，对蓟马类害虫具有良好的预防和控制作用。

4. 生物防治 捕食蓟马的天敌有瓢虫类、刺蝽类、捕食螨、纹蓟马属等，还有鳗形线虫和寄生蜂类等，病原微生物主要包括病原真菌和线虫等。福建植保所早些年从国外引进一种捕食螨，该螨已经可以创造生态效益。

2020年初Oro Agri在荷兰推出了新的杀虫/杀螨剂Oroganic。此产品含有天然橙油活性成分，不仅能防治蓟马还能用于温室中番茄、甜椒、辣椒、葫芦科（例如黄瓜）和观赏植物（例如切花），防治叶螨、粉虱、蚜虫和粉蚧。Oroganic能迅速、有力地击倒靶标害虫和害螨，对有益昆虫的影响低，无残留，没有收获前使用间隔期的限制，可用于生物防治，是理想的综合害物管理（IPM）方法。Oroganic的物理作用机制为降低害物对活性成分的抗性风险，故可频繁施用，甚至可用于解决害物对喷雾或桶混制剂中其他活性成分的抗性。Oroganic是安全、对环境友好型产品，是优异的防治措施。

五、棉铃虫

【别名】棉铃实夜蛾。

【拉丁学名】*Helicoverpa armigera*（Hübner).

【生物学特征】成虫体长 15～17mm，翅展 30～38mm。前翅青灰色、灰褐色或赤褐色，线、纹均黑褐色，不甚清晰；肾纹前方有黑褐纹；后翅灰白色，端区有黑褐色宽带，其外缘有二相连的白斑。幼虫体色变化较多，有绿、黄、淡红等，体表有褐色和灰色的尖刺；腹面有黑色或黑褐色小刺；蛹由绿变褐。卵呈半球形，顶部稍隆起，纵棱间或有分支。发生的代数因年份因地区而异。在山东省莱州市每年发生 4 代，9 月下旬成长幼虫陆续下树入土，在苗木附近或杂草下 5～10cm 深的土中化蛹越冬。翌春气温回升 15℃以上时开始羽化，直至 10 月上旬尚有棉铃虫出现。成虫有趋光性，羽化后即在夜间交配产卵，卵散产，较分散。1 头雌蛾一生可产卵 500～1 000 粒，最高可达 2 700 粒。卵多产在叶背面，也有产在正面、顶芯、叶柄、嫩茎上及农作物、杂草等其他植物上。

【危害症状】初孵幼虫有群集取食习性，在叶片正面或背面，头向叶缘排列、自叶缘向内取食，结果叶片被吃光，只剩主脉和叶柄，或成网状枯类、干叶，危害十分严重。3 龄前的幼虫食量较少，较集中，随着幼虫生长而逐渐分放，进入 4 龄后食量大增，可食光叶片，只剩叶柄。幼虫 7～8 月危害最盛。棉铃虫有转移危害的习性，1 只幼虫可危害多株苗木。棉铃虫发生的最适宜温度为 25～28℃，相对湿度 70％～90％。

【防治措施】

1. 物理防治　早晨露水干后至 9 时前，幼虫常在叶面静伏，触动苗木即会掉落地面，是人工捕捉的好时机。棉铃虫以蛹在地 5～10cm 深处越冬，可结合冬季松土追肥将部分虫蛹翻至地面，破坏越冬场所，人工除死，或者结合灭杀蝼蛄、地老虎进行药物灭杀。高压汞灯及频振式杀虫灯诱蛾具有诱杀棉铃虫数量大、对天敌杀伤小的特点，可以在棚内用来诱杀棉铃虫成虫。

2. 药物防治　棉铃虫卵孵化盛期到幼虫 2 龄前，施药效果最好。棉铃虫的防治应以生物性农药或对天敌杀伤小的农药为主。棉铃虫发生较重地块，在产卵盛期或孵化盛期至 3 龄幼虫前，可局部喷洒5%高效顺反式氯氰菊酯乳油或苏云金杆菌制剂等防治。

3. 诱杀防治

（1）种植诱集作物　利用成虫需到蜜源植物上取食以补充营养的习性，在棉田内或附近种植花期与棉铃虫羽化期相吻合的植物，进行诱杀。常用的诱集作物有芹菜、胡萝卜等伞形科植物及可诱集棉铃虫产卵的玉米、高粱等作物。

（2）灯光诱杀　根据棉铃虫的趋光性，可用频振式杀虫灯、高压汞灯、黑光灯等诱杀成虫，其中频振式杀虫灯已在新疆等棉区大面积推广。

（3）杨树枝等诱蛾　大面积诱蛾要抓住发蛾高峰期，用70cm左右的半萎蔫杨、柳、紫穗槐等树枝，每10枝捆成1把，每公顷105～150把，每天日出前用塑料袋套蛾捕杀，6～7d更换1次。

（4）性诱剂诱杀　在棉铃虫羽化初期，田间放置水盆式诱捕器，盆高于作物约10cm，每200～250m^{2}设1个诱捕器，每天早晨捞出死蛾，并及时补足水，约每15d换1次诱芯。

4. 生物防治

（1）保护利用自然天敌　棉铃虫天敌种类很多，尽量减少使用农药和改进施药方法，避免对天敌的杀伤，有利于发挥自然天敌对棉铃虫的控制作用。

（2）释放赤眼蜂　从棉铃虫产卵初盛期开始，每隔3～5d连续释放赤眼蜂2～3次，每次每亩1.5万头，寄生率可达60%～80%。

（3）喷洒菌类制剂　每亩用Bt制剂（100亿活孢子/mL）65～70mL，对水50L喷雾，连续喷2～3次，每次间隔3～4d。每亩用棉铃虫核多角体病毒（NPV）制剂5%棉烟灵50mL，防治第3代棉铃虫也能获得良好的效果。

六、同型巴蜗牛

【拉丁学名】 *Bradybaena similaris*（Ferussac）.

【生物学特征】 同型巴蜗牛是常见的危害农作物的陆生软体动物之一，多发生于潮湿的灌木丛、草丛中、田埂上、乱石堆里、枯枝落叶下、作物根际栽培介质和栽培介质缝隙中以及温室、菜窖、畜圈附近的阴暗潮湿、多腐殖质的环境，适应性极广。贝壳中等大小，壳质厚，坚实，呈扁球形。壳高约 12mm、宽约 16mm，有 5～6 个螺层，壳顶钝，壳面呈黄褐色或红褐色，壳口呈马蹄形，口缘锋利。卵圆球形，直径约 2mm，乳白色有光泽，渐变淡黄色，近孵化时为土黄色。同型巴蜗牛 1 年繁殖 1 代，多在 4～5 月间产卵，大多产在根际疏松湿润的栽培介质中、缝隙中、枯叶或石块下。成螺大多蛰伏在作物秸秆堆下面或冬作物的根部土中、基质中越冬，幼体也可在冬作物根部基质或土中越冬。

【危害症状】初孵幼螺只取食叶肉，留下表皮，稍大个体则用齿舌将叶、茎磨成小孔或将其咬断。尤其是在苗床内，从种子萌发到子叶期均可受害，将幼苗咬断，造成缺苗断垄，严重时可全部吃光，延误农时。蜗牛喜阴暗潮湿的环境，一般连阴雨天或浇水过后可昼夜活动取食，在干旱情况下，昼伏夜出，爬行处留下白色黏液痕迹。

【防治方法】

1. 农业防治

（1）利用蜗牛白天喜欢躲藏在草丛中的习性，铲除棚室内及周边的杂草，沤制堆肥，以消除蜗牛的滋生地。

（2）4 月下旬至 6 月初，是蜗牛的产卵盛期，应抓紧久雨天晴的时机锄草松土，使卵暴露在基质表面爆裂而减少其密度和危害。

（3）利用蜗牛昼伏夜出、黄昏和夜间危害的规律，进行人工捕捉，或者把瓦块、树叶、树枝、青草等放到蜗牛危害的棚室进行诱集，以便集中捕捉。

2. 化学防治 把生石灰撒在棚室周边形成封锁带，每公顷用 75～150kg，可短期内阻止蜗牛进入棚室内。每亩用 8%灭蜗灵颗粒剂 1.5～2kg，碾碎后拌细基质或饼屑 5～7kg，于天气温暖、基质表面干燥的傍晚撒在受害株附近根部的行间，2～3d 后接触药剂的蜗牛分泌大量黏液而死亡。防治适期以蜗牛产卵前为适，有小蜗牛时再防 1 次效果更好，也可用 10%多聚乙醛颗粒剂，每亩用药

1kg 进行防治。还可使用 2%灭旱螺饵剂防治蜗牛，每亩 10～12g，拌细基质撒施。

七、温室白粉虱

【别名】小白蛾子。

【拉丁学名】*Trialeurodes vaporariorum*（Westwood）.

【生物学特性】白粉虱属同翅目粉虱科，是一种世界性害虫，我国各地均有发生，是温室、大棚内种植作物的重要害虫。成虫体长 1～1.5mm。翅及胸背披白色粉，停息时翅合拢成屋脊状。卵长约 0.2mm，长椭圆，基部有柄，初产淡绿，披有白色粉，近孵化时变褐。若虫体长约 0.8mm，淡绿，体背有长短不齐的蜡丝，在温室内 1 年 10 余代，冬季在室外可以存活。

【危害症状】成虫、若虫以刺吸口器危害叶片，吸食植物汁液，使得叶片被害处发生褪绿斑，并逐渐变黄、萎蔫，致使植株长势衰弱、萎蔫，甚至枯死。白粉虱还是许多病毒病的传播介体。由于其繁殖力强，繁殖速度快，种群数量庞大，群聚危害能分泌大量蜜液，使黄瓜叶面上常呈现褐色煤污，污染叶片和果实，引起煤污病的大发生，受害瓜条失去商品价值。

【防治方法】由于白粉虱世代重叠，各种虫态同时存在，而且成虫白粉虱又能够迁飞，因此防治难度很大。

1. 物理防治

（1）防虫网阻隔　设施内所有通风口和出入口都设置 60 目防虫网，防止棚外白粉虱迁飞入内。

（2）高温和低温处理　在发生危害严重的温室大棚，利用 12 月至次年 1 月上旬寒冷冬天把温室短期敞开和春季温度还未完全回升时揭棚，可有效控制害虫的越冬基数，控制该虫危害。此外，在春季大棚蔬菜收获后，进行高温闷棚，将棚内残留的温室白粉虱杀死，避免其大量传到露地作物上危害。

（3）黄板诱杀　在温室大棚内设置黄板，可诱杀成虫，减少卵虫基数，对温室大棚内的温室白粉虱具有一定的控制作用。用

1m×0.17m 的纤维板或硬纸板，涂成橙黄色，再涂 1 层机油（可使用 10 号机油加少许黄油调匀），按每 $20m^2$ 放 1 块，置于行间，高度与植株相同，一般 7～10d 需重涂油 1 次。也可购置商品黄板直接使用。

2. 农业防治

（1）培育无虫苗，把好育苗关　严格执行育苗管理，防止将有虫苗带入大棚定植，为温室大棚的防治奠定基础。

（2）轮作换茬　尽量避免混栽，调整好茬口。上茬种植黄瓜，下茬应安排芹菜、菠菜、韭菜等茬口。此外，在一些温室白粉虱发生危害严重的大棚或日光温室，可改种其不喜欢的耐寒性越冬蔬菜，例如芹菜、生菜、韭菜或大蒜、蒜薹、洋葱等，从越冬环节上切断其自然生活史，以减轻来年对所种植作物的危害。

（3）清洁棚室　大棚在定植前要彻底清除前茬作物的茬、叶、残株，铲除杂草，运出室外处理，以减少前茬残留的温室白粉虱危害。在受温室白粉虱危害的黄瓜收获后，要彻底清除残枝落叶。对发生区附近的棚室周边杂草，特别是萑草（益母草）要作为重点清除对象，也可对这些杂草喷施除草剂，以减少害虫的适生寄主。

（4）及时摘除老叶并烧毁　因老龄若虫多分布在下部叶片，在茄果类蔬菜整枝打杈时，适当摘除部分枯黄老叶携出室外深埋或烧毁，以压低烟粉虱的种群数量，减轻其危害。

3. 药剂防治

（1）温室大棚熏蒸　可采用烟雾剂熏蒸压低虫口。温室大棚中，每平方米应用 80%敌敌畏 0.35mL 和 2.5%敌杀死 0.05mL 与消抗液 0.025mL 混合，在密闭棚室的地面上，用两块砖架 1 块凹形铁皮，下面放上蜡烛点燃，倒入定量配制的药液，每亩设 4～5 个点，使药液蒸发熏蒸棚室。也可每亩用商品化的敌敌畏烟雾剂或 105 异丙威烟剂 50g，成虫防治效果可达 90%以上。

（2）喷雾　用背负式机动喷雾器的烟雾发生器，把农药药油剂雾化成直径 0.5nm 的雾滴，可长时间在无气流活动的空间悬浮，有利于防治隐蔽在叶背面或飞翔的害虫。可选用如下药剂喷雾：

10%吡虫啉 2 000 倍液（间隔期为 1d）、3%啶虫脒乳油 1 500 倍（间隔期为 1d）、50%抗蚜威可湿性粉剂 4 000 倍液（间隔期为 7d）、5%顺式氯氰菊酯乳油 5 000～8 000 倍液（间隔期为 3d）、3.3%阿维·联苯菊酯乳油 1 000 倍液（间隔 3d）和 25%噻虫嗪 5 000～10 000 倍液。富锐（美国 FMC 专利）产品中有效成分为 zeta-氯氰菊酯活性较强，在温室内使用对人体伤害、刺激性小，是美国卫生级化合物，属于广谱性菊酯类杀虫剂，2 000～3 000 倍液均匀喷雾。以上药品交替使用，以防害虫出现抗药性。

4. 生物防治　在北方温室大棚内，可人工繁殖释放丽蚜小蜂控制温室白粉虱，每隔两周放 1 次，共释放 3 次，丽蚜小蜂与温室白粉虱成虫比例达 2∶1 时，能有效控制温室白粉虱的危害。

八、西瓜虫

【别名】鼠妇、潮虫。

【拉丁学名】*Armadillidium vulgare*（Latreille).

【生物学特征】分布在我国各地。主要危害瓜类幼苗和十字花科蔬菜幼芽、嫩根以及草莓等浆果。成虫体长 10～14mm、体宽 5～6.5mm，长椭圆形，共 13 节，灰褐色，头部具 1 对线状触角，卵近球形至卵形，黄褐色。初孵幼虫白色，半透明，长 1.3～1.5mm、宽 0.5～0.8mm，后逐渐变深，形态与成虫近似，此虫胎生繁殖，每雌每年可繁殖 110 头，多发生在阴暗潮湿墙角或石头、土块、基质下，夜出危害，以晚上 9～10 时、清晨 7～8 时活动最盛，阴天也出来活动，幼苗及贴地果易受害。对圈肥及腐草有趋性，有负趋光性和假死性，受惊后立即蜷缩成“西瓜”状，因此叫西瓜虫。

【危害症状】成虫、幼虫危害幼芽、嫩根造成缺苗断垄，危害叶片造成缺刻，重者可食光叶肉，仅剩叶脉、叶柄，瓜类幼苗绿色部分受害后常不生蔓，对生产造成一定影响。

【防治方法】施毒土，用 2.3%溴氰菊酯或 20%氰戊菊酯拌土撒于地面，每亩用药 50～100g 对土 10～20kg。

小结

本章主要讲述了黄瓜主要病虫害的识别及其防治。

黄瓜栽培过程中会出现生理性病害，真菌、细菌病害，虫害等。生理性病害有营养失调（缺氮、缺磷、缺钾、缺钙、缺镁、缺锌、缺铁、缺硼）、冻害、高温障碍、花打顶、膀病、生理性萎蔫、氨气危害、百菌清烟剂药害等；常见的细菌病害有棒孢叶斑病、猝倒病、腐霉根腐病、根腐病、灰霉病、菌核病、枯萎病、绿粉病、蔓枯病、霜霉病、炭疽病、细菌性角斑病、疫病等；主要的虫害有茶黄螨、瓜绢螟、红蜘蛛、蓟马、棉铃虫、同型巴蜗牛、温室白粉虱、西瓜虫等。不管出现以上任何一种情况都会影响黄瓜的生长发育，从而最终影响产量，因此在黄瓜的任何生长发育时期都应该合理施肥、合理用药，认真管理。

思考题

1. 如何辨别黄瓜是营养失调还是药害？
2. 简述枯萎病和炭疽病的判断方法，并说明如何进行防治？
3. 试述虫害的识别与防治方法。

第八章　设施黄瓜栽培技术要点

第一节　日光温室黄瓜栽培技术要点

一、茬口安排

日光温室黄瓜栽培主要茬口有冬春茬（有的资料称早春茬）、秋冬茬和越冬茬。

（一）冬春茬

日光温室冬春茬黄瓜上市期比大棚黄瓜提早45～60d。日光温室冬春茬黄瓜栽培于深冬季节育苗，翌年早春开始收获，春末夏初结束，解决了大棚黄瓜上市前的市场供应问题，是农民增收致富的好途径。冬春茬黄瓜结瓜期处于春季和初夏季节，栽培技术较越冬茬容易，风险相对较小。但育苗期正值年中最寒冷的季节，日光温室小气候具有低温高湿的特点，特别是连续阴雨雪天气，必须千方百计防寒保温，并加强病害防治，培育适龄壮苗，是优质高产的关键技术。

（二）秋冬茬

秋冬茬栽培的目的主要在于延长供应期，解决深秋、初冬淡季问题，比大棚秋延后黄瓜供应期长30～45d，一般8月下旬到9月上旬播种，9月下旬定植，10月中旬开始采收，新年前后开始拉秧。

（三）越冬茬

越冬茬黄瓜栽培是在秋末冬初（10月中下旬至11月上旬），在日光温室播种的黄瓜，幼苗期在初冬度过，初花期处在严冬季节，1 月开始采收上市，采收期跨越冬、春、夏三个季节。利用日光温室进行越冬茬黄瓜栽培立足于不加温或基本不加温（有限度的临时性补温），因此对温室的建造和管理要求严格。日光温室墙体厚度一般要达到当地最大冻土层厚度的 1.5 倍，目前生产中多半采用地下式日光温室。无论采用什么结构形式的高效节能日光温室，在严冬季节室内温度必须满足黄瓜生长发育最基本的需要。在正常管理条件下，室内最低温度应不低于 8℃。在高寒和日照条件差的地区，可采取临时补温措施，保证室内温度达到最低界限温度或高出 1～2℃。

二、品种选择

（一）冬春茬

此茬前期低温，后期高温，即冬春茬黄瓜苗期在冬季，结瓜在春季，一直延续到夏初，整个生育期半年以上，因此所用的品种应具有既耐低温又耐高温、耐高湿和弱光，第一雌花节位低、数量多且连续分布好，主蔓可连续结瓜且结回头瓜能力强，前期产量高而集中等优点。目前生产上常用的常规品种有：新泰密刺、长春密刺，杂种一代有国农 22、国农 31、津春 3 号、津春 4 号、中农 11、裕优 3 号、鲁黄瓜 1 号等，由荷兰引进的“迷你”型黄瓜戴多星近年来也有一定栽培面积。

（二）秋冬茬

日光温室黄瓜秋冬茬栽培，是衔接大中拱棚秋延后和日光温室冬春茬黄瓜生产的茬口安排，是北方地区黄瓜周年供应的重要栽培模式。这茬黄瓜一般在 8 月下旬播种，采用嫁接育苗，9 月定植。苗期处于炎热多雨季节，生长后期处于低温、弱光季节。因此，必须选用耐热、抗病、抗寒、生长势强、适应性好的抗病品种，不要求早熟，强调中后期产量高，生产中宜选择如冀杂 1 号、冀杂 3 号、津绿 3 号、津优 30、园春 3 号等品种。

（三）越冬茬

日光温室越冬茬黄瓜均采用嫁接苗，对接穗黄瓜品种要求严格，要选择适宜越冬茬日光温室栽培的品种。要求品种耐低温弱光，且具有植株长势强、不易徒长分枝少、雌花节位低、节成性好、瓜条品质高、高产抗病等特性。生产中可选择冀杂2号、中农19、津优35、强大黄瓜王、博新、博纳等品种。日光温室越冬黄瓜苗龄一般为40d左右，定植后35d左右开始采收，从播种至采收需要70d左右。

三、定植前准备

（一）育苗

1. 冬春茬　冬春茬黄瓜一般是从12月下旬到次年1月播种育苗，适期播种时的适宜日历苗龄为45d左右，播种过早或过晚以及有特殊要求的品种，其日历苗龄仅30～35d。具体根据当地气候条件、温室条件、市场需求等条件确定。该茬黄瓜一般使用嫁接苗，砧木一般为白籽南瓜。

2. 秋冬茬　秋冬茬黄瓜育苗期间正值高温多雨，播种过早植株容易徒长且病虫害严重，还可能在深冬到来前提早结束产量高峰；播种过晚在温光条件较好的时段难以培养起壮株和达到足够的产量。通常认为适宜的播种期是在当地早霜前的两个月左右，华北地区多在8月下旬。由于各地温室性能和气候条件不同，高纬度高寒地区可能提早到8月上中旬，采用嫁接苗的要推迟到8月下旬至9月上旬。总的原则是这茬黄瓜育苗要掌握“适期播种，适中偏早”。

3. 越冬茬　越冬茬黄瓜一般要求在元旦前后开始采收，春节前后进入产量的高峰期，由此推算正常的播种期应在10月上中旬；而且此期播种育苗有利于嫁接伤口愈合，在严冬到来以前瓜秧已起身，为越冬抗寒及丰产奠定了基础。为了提高冬前产量、降低越冬茬风险，也可把播种期提前至8月底至9月上旬。播种过早，前期棚内温度偏高不易控制，易造成幼苗徒长，秧苗抗逆性差；播种过晚秧苗难以抵御12月至次年1月的低温寡照等恶劣天气的危害。

（二）基质栽培一般在栽培槽、栽培床或袋容器中进行

1. 槽培 槽培是将基质装入一定容积的栽培槽内以种植作物，定时定量浇灌营养液。种植作物的栽培槽规格可根据栽培的株行距及地块特点设置。可用混凝土和砖建造永久性的栽培槽，也可用木板做成半永久性槽，为了降低成本，也可就地挖成槽再铺薄膜做成。总的要求是在作物栽培过程中能把基质拦在栽培槽内，而不撒到槽外。为防止渗漏并使基质与土壤隔离，通常可在槽底铺 2 层塑料薄膜。

栽培槽的大小和形状，因作物而异，黄瓜等蔓生植物，一般为了方便整枝、绑蔓和收获等棚室内操作，通常每槽种植两行，槽宽一般为 30～50cm（内径）。对某些矮生植物可设置较宽的栽培槽，进行多行种植，只要方便棚室内管理即可。栽培槽的深度以 15～25cm 为好，为了降低成本也可采用较浅的栽培槽，但栽培槽太浅灌溉时必须特别细心。槽的长度可由灌溉能力（保证对每株作物提供等量的营养液）、温室结构以及棚室内操作所需走道等因素来决定。槽的坡度至少应为 1%，这是为了获得良好的排水性能，如有条件，还可在槽的底部铺一根多孔的排水管。

常用的栽培基质原料有沙、蛭石、锯末、珍珠岩、草炭与蛭石混合物等。少量的基质可用人工混合，如果基质很多，最好采用机械混合。一般在基质混合之前，应加一定量的肥料作为基肥。混合后的基质不宜久放，应立即使用，因为久放后一些有效养分会流失，基质的 pH 和电导率也会有变化。

基质装槽后，布设滴灌管，营养液可由水泵泵入滴灌系统后供给植株，也可利用重力法供液，不需动力。

2. 日光温室栽培槽类型

（1）地下 500 型 平整地面，开挖槽内长×宽×深＝14m（14.5m）×0.50m×0.25m 的矩形栽培槽，靠大棚中部一端高，山墙一端低，底部呈 U 形，坡降 1/100，槽间距 0.9m；栽培槽内及槽间地面均铺设地布或土工布（图 8－1）。

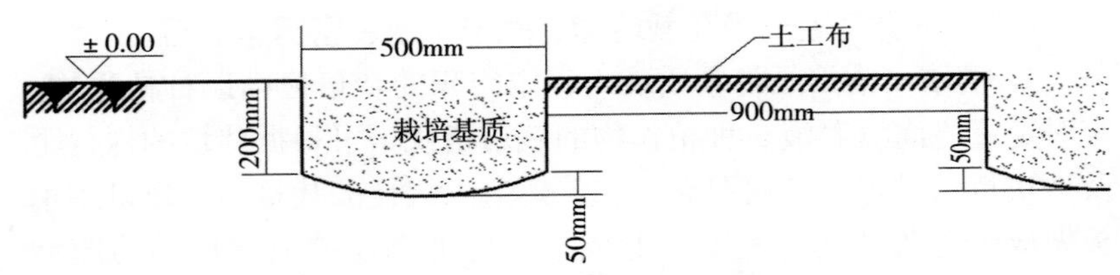

图 8-1　地下 500 型栽培槽剖面图

（2）地下 300 型　平整地面，开挖槽内长×宽×深＝14m（14.5m）×0.30m×0.25m 的矩形栽培槽，靠大棚中部一端高，山墙一端低，底部呈 U 形，坡降 1/100，槽间距 0.9m；栽培槽内及槽间地面均铺设土工布（图 8-2）。

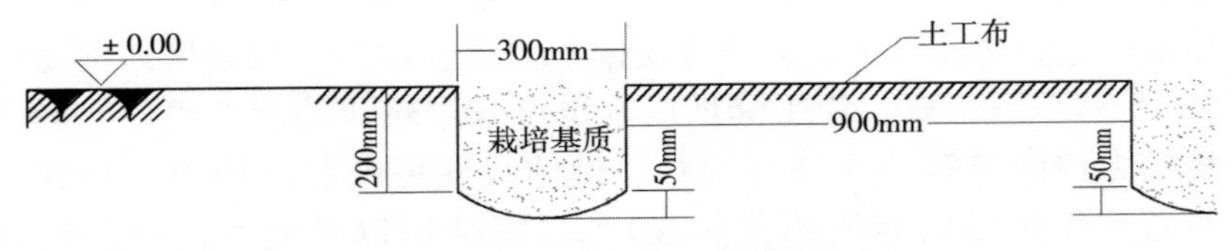

图 8-2　地下 300 型栽培槽剖面图

3. 袋培　袋培除了将基质装在塑料袋中以外，其他与槽培相似。袋子通常由抗紫外线的聚乙烯薄膜制成，至少可用 2 年。在光照较强的地区，塑料袋表面应以白色为好，以利反射阳光并防止基质升温。相反，在光照较少的地区，袋表面应以黑色为好，利于冬季吸收热量，保持袋中的基质温度。

袋培的方式有两种：一种为开口筒式袋培，每袋装基质 10～15L，种植 1 株黄瓜；另一种叫枕头式袋培，每袋装基质 20～45L，种植 2～3 株黄瓜。

通常用作袋培的塑料薄膜为直径 30～35cm 的筒膜，筒式袋培是将筒膜剪成 35cm 长，用塑料薄膜封口机或电熨斗将筒膜一端封严后，将基质装入袋中，直立放置，即成为一个筒式袋。枕头式袋培是将筒膜剪成 70cm 长，用塑料薄膜封口机或电熨斗封严筒膜的一端装入 20～30L 基质，再封严另一端，依次摆放到栽培温室或大棚中。定植前先在袋上开 2 个直径为 10cm 的定植孔，两孔中心距离为 40cm。

在温室或大棚中摆放栽培袋之前，温室或大棚的整个地面应铺上乳白色或白色朝外的黑白双色塑料薄膜，以便将栽培袋和土壤隔离，同时有助于冬季生产增加室内的光照强度。定植完毕即布设滴灌管，每株设置 1 个滴头。无论是筒式还是枕头式袋培，袋的底部或两侧都应该开 2～3 个直径为 0.5～1.0cm 的小孔，以便多余的培养液从孔中流出，防止沤根。由于袋培的方式相当于容器栽培，每袋间互相隔开，所以供液滴头一旦堵塞又没能及时发现，这一袋作物便不能得到水肥供应，就会萎蔫或死亡，因此生产上已很少应用。它的优点是：因袋间彼此隔开，根际病害不易传播蔓延。

（三）基质配制及消毒

一般黄瓜的栽培基质多采用草炭∶蛭石∶珍珠岩＝3∶1∶1 进行配制。基质的消毒方法包括蒸汽消毒、太阳能消毒、化学药剂消毒等，在炎热的夏季多采用廉价、安全、简单的太阳能消毒法，但在温度较低的冬季可以采用化学药剂消毒（消毒方法见第四章第三节）。

（四）定植前棚室消毒处理

对温室内的四角、死角、滴灌系统等用饱和石灰水泼洒，或每 667m^2 用 20％百菌清烟雾剂 300g 进行烟熏消毒。

四、定植

（一）冬春茬

日光温室冬春茬黄瓜一般 2 月上旬定植，生产中具体定植时间还要考虑日光温室内的小气候是否能够满足黄瓜生长发育的要求。一般黄瓜根毛发生最低温度为 12℃，因此应掌握在距温室前沿 30～40cm 处的 10cm 地温连续 3～4d 稳定在 12℃以上时定植。若定植后扣小拱棚或覆地膜，可在 10cm 地温稳定在 10℃时定植。

嫁接育苗是日光温室冬春茬黄瓜高产栽培的主要措施之一。嫁接目的：一是为抗土传病害，特别是提高对枯萎病的抵抗能力；二是提高黄瓜根系的耐寒性和抗逆性，克服黄瓜高产栽培的问题。

定植宜选“阴尾晴头”天气的晴天上午进行。将秧苗按大、中、小分级，搬运到定植槽或定植袋旁，从整个温室来看，大苗应栽植到东西两头和温室前部，小苗宜栽植到温室中间；从一行来看，大苗应在前，小苗在后，一般苗居中，这样有利于秧苗生长整齐一致。定植时可按株距开穴或按株距摆放定植袋，在穴内或定植袋里浇足定植水，水渗后栽苗封坑。黄瓜应浅栽，盖基质后苗坨与栽培槽基质面或定植袋基质面持平即可，嫁接刀口应距地面 2cm，注意不能把嫁接口埋到基质里。定植后及时覆盖地膜，也可先覆膜后定植。由于温室前面光照强后面光照弱，栽苗时要掌握前面密植后面稀植，以利于不同部位的秧苗获得基本相同的光照条件。

（二）秋冬茬

定植在 9 月进行，根据品种特性、市场需求，确定适宜的定植密度。开张角度小、叶片较小、主蔓结瓜、追求前期产量的品种密度可以大些；开张角度大、叶片肥大、主侧蔓结瓜、追求总产量的品种密度应该小些。

当幼苗具 2～3 片真叶时定植，如果苗子偏大，根系和叶片都较大，定植时伤根明显，定植后蒸腾量大，不利于缓苗。定植应选阴天或晴天下午 3 时以后进行，否则光照太强易伤幼苗。定植时尽量不要弄散育苗基质，以减少伤根，加速缓苗和防止病害发生；定植时边放苗边覆基质稳苗，并随即浇水，以减轻萎蔫，加速缓苗。定植前温室覆盖遮阳网，栽植时大小苗分级移栽，定植时先将定植口部分基质取出，放入壮苗，然后回填基质，再浇透水，定植深度以基质表面达子叶节为宜，缓苗后 7～10d 去除遮阳网。

（三）越冬茬

该茬黄瓜一般于 11 月中旬定植。日光温室越冬茬黄瓜一般采用地膜覆盖栽培，过去人们习惯先覆膜后定植，或定植后随即覆膜。实际上这样做不利于嫁接苗根系深扎，降低了植株抗寒、耐低温的能力。因定植时地温还较高可不覆膜，定植后反复进行中耕锄划，尽量促进根系深扎，可在定植后 15d 左右覆盖地膜。

（四）定植方法及密度

定植之前先要扣好棚，并用硫黄粉对整个棚进行消毒，3d 后待药气挥发完后方能定植。定植时要选整齐一致、健壮、无病虫的秧苗，采用双行、“品”字形定植方式，按 25～28cm 的株距摆入定植槽内，每亩栽苗 3 500～3 700 株。另外，在摆苗前 1～2d 幼苗要浇 1 次水，这样定植时不易散坨。苗摆好后用打穴器或铲子在暗沟两侧挖定植穴，深度比苗坨高一指头厚左右。在每个定植穴内浇水 11.5kg 水，待水快渗完时将苗从育苗钵内轻轻倒出来放入定植穴内，用基质将定植穴封死。另外，也可以采用先定植后铺膜的办法，定植方法同前。定植完后，用 90～100cm 幅宽的地膜铺膜。首先用两个方木凳倒放在栽培槽北端，由两个人将地膜经方木凳从垄的两侧拉向前底脚处，埋入栽培槽一端的基质中，返回来在栽培槽北端把地膜割断也埋入基质中，再从北向南，在每株秧苗处用刀片划十字，把秧苗引出膜外，最后再把两侧地膜用基质压死。用先定植后铺膜的方法，可有效地防止水分蒸发，容易浇足定植水，所以在一般情况下最好采用该法。如果要采用滴管，一定要将滴管放在暗沟，滴管与水泵之间要安装好过滤器。

五、定植后管理

定植后整个生育期内温度控制应遵循以下规则：定植初期尽量给予较高的温度，促进植株生长。开花前在同一 24h 平均温度下，较大的日夜温差比小温差控制的植株营养生长旺盛且前期产量显著提高。生长前期（开花至采收 4 周）的温度控制至关重要，产量与这一时期的温度直接相关。24h 平均温度（15～23℃范围内）每升高 1℃，总产量提高 1.17kg/m²，因此这段时间（约 5 周）也宜尽量提高控制温度。黄瓜生育期间最适地温 20～25℃，最低为 15℃左右。生长后期（采收 4 周结束）温度控制不严格，对产量影响不大，可降低控制要求。

日光温室秋冬茬或冬春茬生产，可按日光温室本身环境的日变化，结合黄瓜在一天中不同时段的生理活动中心来进行温度环境的管理，即“四段式温度管理”。上午是黄瓜一天中光合作用最强阶段，温度控制在（28±2)℃；下午光照减弱，同时注意与夜间温度衔接，温度控制在（22±2)℃；前半夜为促进养分运输，温度控制在（17±2)℃；后半夜为抑制呼吸，减少养分消耗，温度控制在(12±2)℃。就冬春茬黄瓜整个生育期来说，生育前期（严冬季节）由于外界温度较低，光照较弱，光照时数少，光合产物少，因此采取偏低温下限管理指标，抑制养分消耗。生育中后期（3 月以后），由于光照增强，光合产物增加，宜采取温度上限管理。根据上述控制指标，放风温度应控制在（30±2)℃，晴天取上限，阴天取下限。早晨揭苫时，室内温度保持在 8～10℃，当温室内温度下降到17℃时应盖草苫，具体揭盖草苫时间不同地区、不同季节不同，需摸清规律，灵活掌握。

（一）缓苗期管理

刚浇定植水后，小苗易倒伏，叶片沾在基质中，定植后第 6 天应扶苗，将沾在基质表面的叶片扒开。定植后高温高湿有利于缓苗，应密闭保温保湿，促进缓苗，为了提高温度和保持湿度，晚上棚膜要封严，尽量保持 15℃以上的地温度，白天室内温度如果超过 23℃可放风。据观察，如能保持上述温度，5～7d 后就可产生新根，10d 后就可以进入正常管理。

（二）结果前期管理

定植到结果期，黄瓜处于营养生长和生殖生长并进的时期，一方面要求在此期要建立一个良好的根群，保证植株生长健壮；另一方面还要防止瓜秧徒长，影响花芽分化。所以各项措施必须保证营养生长和生殖生长协调发展。

1. 水肥管理 缓苗后一般不旱不浇水，不施肥，但如果底水没浇足，还可浇 1 次缓苗水。

2. 温度管理 缓苗后要实行变温管理。一般白天超过 30℃时开始放顶风，如果温度还降不下来，可放腰风和底风，但放底风时最好在黄瓜与风口之间设置一个挡风幕，高度为 1～1.5m。当室内温度降到 20℃时就要闭风，15℃时开始放草帘子，这样温度在短时间内又可恢复到20℃，以后又会慢慢下降，使前半夜保持15℃左右，后半夜降到11～13℃，早晨揭草帘子时温度保持在8～10℃，或者5℃以上也可以。如果晚间温度过高，可通过减少草帘子的办法降低温度，否则夜间温度过高，很容易引起徒长和霜霉病的发生。

变温管理对黄瓜的生长发育是有利的，早晨黄瓜主要进行光合作用，所以要求较高的温度，午后2时开始，叶片中的同化产物开始向各个器官运输，所以要求适度低温；前半夜一方面要进行光合产物的输送，另一方面还要进行呼吸作用，所以也要求适度低温；下半夜主要进行呼吸作用，所以要求相对的低温。

3. 吊秧　当幼苗开始甩蔓后，即可进行吊秧。吊秧时绳子不能绑紧，以防茎蔓长粗后被吊绳勒紧，影响生长。吊秧后便可以掐掉卷须，人工缠绕茎蔓，通过紧缠或松缠的办法来调整植株高度，也可以用曲蔓的方法来调节植株的高度，使龙头处于同一高度。等植株长到吊绳的顶部，要进行落秧。

4. 整枝　一般侧蔓在根瓜坐住后便迅速生长起来，影响主枝上瓜条的发育，易引起植株的徒长，同时影响植株底部的通风透光，易引起病害。在生产上一般10节以下的侧蔓全部除掉，10节以上的侧蔓可留一瓜摘心。打杈应在晴天的下午进行，这样有利于伤口的愈合。

（三）结果期管理

1. 疏花疏果　要及时除去卷须和雄花。去除雄花应在能识别雄花小花蕾时就除去，如果等到雄花开放时再去除，达不到节约养分的目的。喷施乙烯利后黄瓜会连续出现雌花，甚至一节多瓜的现象。雌花多本身要消耗养分，而且造成化瓜严重，影响产量。因此，雌花多时，要在花开前进行疏花，一般间隔2～3片叶留一瓜较好。

2. 摘叶　黄瓜的下部叶片老化很快，应及时打掉，以利于植株底部通风透光。黄瓜从顶部展开叶起保留13～15片叶为宜。

3. 水肥管理　待根瓜坐住，可以结合第一次追肥浇催果水，促进果实生长。在实际生产中，除根据幼果长相加以诊断以外，还要根据黄瓜品种、植株状况、基质肥力、湿度、当时的天气状况等综合断定是否浇水，不应以根瓜坐住与否作为开始浇催果水的唯一标准。例如秧苗在因缺水萎蔫或基肥烧根的情况下如不及时浇水，专等根瓜坐住，反会误事，以致瓜秧不长，叶子抽缩，引起化瓜。根瓜坐住以后，黄瓜进入结果期伴随气温渐高，茎叶与果实生育并进，叶片蒸腾加大，吸水量日益增多，灌水量也逐渐加大。

黄瓜根系浅，吸水能力弱，只能利用表层基质内的水分，但黄瓜叶片大而薄，蒸腾量较大，故黄瓜喜湿不耐干旱，但黄瓜根系好气，在积水条件下易发生沤根故又怕涝，故浇水应小水勤浇，不宜大水漫灌。

浇水时应选择晴天的上午浇水，可以及时放风，若阴天浇水，棚室湿度超过 90%易于叶表面形成一层水膜，或叶片结露时间长，影响叶片气体交换，同时限制了水分蒸腾，从而影响根系对水肥的吸收和光合作用的进行，而且易诱发霜霉病等病害。

黄瓜根浅喜肥不耐肥，每次浇水可浇有机粪水补充氮肥。结瓜初期进行追肥，每亩施尿素 7～9kg、硫酸钾 8～12kg。盛瓜期，黄瓜营养生长和生殖生长一般都达到极盛阶段，肥水需求量增加，可结合浇水每亩顺水追施钾肥 10kg、氮肥 20kg（将硫酸钾、硫酸铵分别溶解，顺水均匀施入畦中）。结瓜盛期以后，追肥量要逐渐减少，最后一次不必追钾肥。另外在结瓜盛期，可用 0.3%的尿素和 0.3%的磷酸二氢钾溶液进行叶面追肥。

4. 温度管理 黄瓜为喜温一年生蔬菜，不耐寒冷，其生长发育需要一定的昼夜温差。

黄瓜生育期要求有一定的昼夜温差，在一般情况下，白天 25～30℃，夜间 13～18℃，昼夜温差为 10℃左右最理想。夜间低温有利于减少植株呼吸消耗，加快同化物质的运输，抑制徒长，防止落花落果。

不同品种对温度的适应能力有所差异，一般早熟品种耐低温能力较强，中晚熟品种耐高温能力较强。另外，黄瓜对温度的忍耐能力还与环境的适应变化有关，如在大棚内温度骤然降低到12℃以下，可能受害，而在冷床育苗中，5℃时也不会受害。经过低温锻炼的幼苗，甚至能忍受短时间1～2℃的低温。

5. 光照管理　黄瓜属短日照作物，即较短的日照有利于雌花的形成。就同一个品种而言，春季栽培的第一雌花出现节位较秋季栽培低。但这种对日照长短有要求的品种间存在较大差异，一般低纬度地区的地方品种对短日照敏感，而高纬度地区的地方品种对日照长短要求不严格；但任何品种在幼苗期，通过短日照和低温作用，可使雌花的着生节位降低，增加雌花数量并可促进提早开花结果。

黄瓜喜光而又耐弱光，在春黄瓜栽培上，经常出现因光照不足，植株同化量下降，引起生长不良及“化瓜”现象。

6. 增施二氧化碳　黄瓜结果盛期要进行二氧化碳施肥，具体方法参见二氧化碳的施肥。

7. 病虫害防治　进入结瓜期，病虫害易发生，尤其是霜霉病，必须做到预防为主，综合防治，具体方法参见病虫害防治。

8. 适时采收　黄瓜以嫩果供食，连续结果，不断采收，当瓜条长度和粗度的增长达到一定大小，而种子和表皮尚未硬化时，适期采收有利于提高黄瓜的产量与品质。黄瓜果实一天中以17～18时生长最快，以后逐渐减慢，到早晨6时生长最慢，以后又逐渐变快。所以采收黄瓜应在早晨进行。采收时应注意：①根瓜采收应适当提早，促进发秧，防止坠秧，延缓下一个果实的发育，为高产打基础；②弱秧上的瓜应及时采收，促其壮秧（促进营养生长）；③畸形瓜应早收，为正常瓜的生长发育创造良好的条件；④防壮秧上的瓜晚收，防止疯秧；⑤防病喷药前应提前采收，防止药效间隔期过后，瓜条太大，影响品质。

9. 形态判断　日光温室黄瓜在生育期中，栽培管理措施是否适宜，可以从植株形态上表现出来：

（1）初花期形态表现　在温、光、水、肥、气等条件适宜的情况下，正常植株，砧木和接穗子叶完整无损，茎较粗、浓绿色、棱角分明，心叶舒展，刚毛发达，龙头中各小叶片比例适中，雌花花瓣大、鲜黄色，正在膨大的瓜条表面刺瘤饱满而有光泽，叶片形状与幼苗期相似。

(2) 结瓜期形态表现　经过初花期的促根控秧的黄瓜，正常植株茎蔓节间长8～10cm，叶柄长为节间长的1.5～2倍，节间长短均匀一致，叶柄与茎呈45°角，叶片平展。

第二节　塑料大棚栽培技术要点

一、茬口安排

塑料大棚黄瓜种植主要以春提早黄瓜栽培和秋延后栽培为主。

塑料大棚春提早黄瓜栽培的时间因栽培地区气候条件不同而异，华北地区塑料大棚的安全定植期一般在3月下旬，因此一般于2月上旬在日光温室内育苗，长江流域、华东地区一般在3月中旬，越向南，其定植期越提早，而在高纬度地区，其安全定植期一般要延迟到4月中下旬。据此来安排育苗，安排生产茬口。大棚春提早黄瓜栽培的目的在于提早供应，解决春淡问题。供应期比露地提早30d左右。采用多层覆盖或临时加温，可使供应期提早40～50d，经济效益和社会效益十分显著。塑料大棚春提早黄瓜栽培，温度是由低到高，日照由短、弱变长、强，产量高。栽培过程中应采取相应的栽培管理措施。

所谓秋延后栽培，就是在深秋较冷凉季节，夏秋露地黄瓜已不能生长时，利用大棚的保温防霜作用，继续生产黄瓜的一种栽培形式。一般在7月上中旬至8月上旬播种，7月下旬至8月上旬定植，9月上旬至11月上旬供应市场。该茬口的气候特点和早春大棚栽培正好相反，苗期处于高温多雨季节，经过一段较短的适温后，随即转入急剧降温，光照也由强变弱，因此栽培难度大，既要注意前期遮阳、防雨、防病，也要注意后期保温、防病、防早衰。大棚秋黄瓜采收期正是露地黄瓜生长末期，对淡季市场供应有重要作用，而且大棚秋黄瓜质量好、味道美，市场需要量大，经济效益高。

二、品种选择

（一）春提早黄瓜

应选择早熟品种，主蔓结瓜，根瓜结瓜部位低、瓜码密、耐一定弱光、适应大温差的环境，品质好、产量高，并应具有抗病虫害等特点。生产上普遍采用的有津优 1 号、津优 2 号、津优 3 号、津优 5 号、津优 6 号、津优 10 号、津优 20、津杂 2 号、津杂 4 号、津春 1 号、津春 2 号、济南密刺、长春密刺、甘丰 8 号、甘丰 11、春丰 2 号、新泰密刺、山东密刺、中农 4 号、鲁黄瓜 4 号、鲁黄瓜 5 号、鲁黄瓜 11、鲁黄瓜 12、碧春、农大 12 等。

（二）秋延后黄瓜

秋延后大棚黄瓜栽培不强调早熟，主要是要求抗病性强、生长势强，前期耐热、后期耐低温，结瓜早、瓜码密且收获集中、适合密植的品种。秋冬季市场规律，一般上市越晚，经济效益越高，所以中后期产量高的品种才能取得较高的经济效益。后期采收的产品如能进行短期的贮藏保鲜，延长供应时间，则价格更高，所以要求品种有一定的贮藏性。另外，根据市场要求的外观形态选用品种也是非常必要的。目前主要品种有津春 4 号、津春 5 号、津研 4 号、津研 7 号、津杂 2 号、津杂 4 号、中农 8 号、秋棚 2 号、湘黄瓜 3 号、津旭 2 号和津优 4 号等。

三、定植前准备

（一）基质选择

基质的选择最好因地制宜，有机物可选择玉米秆、锯末、草炭、酒糟等，无机物可选择蛭石、珍珠岩、炉渣、沙等。混配后基质容重在每立方米 0.30～0.65g。常用的混合基质比例为草炭：蛭石：珍珠岩＝3：1：1，草炭：炉渣＝2：3，玉米秆：炉渣：锯末＝5：2：3，酒糟：炉渣＝1：1，黄瓜每种植 1 茬应补充新的有机质，每 3～5 年更新全部的基质。

（二）建栽培槽

栽培槽宽 40cm、深 15cm，槽距 80cm，槽底应有 1%的坡降。槽中央挖一条 10cm 深、10cm 宽的排水沟，铺膜前于排水沟上方铺上略宽于排水沟宽处的木板，避免膜沉入排水沟。槽面铺 0.1mm 厚的聚乙烯薄膜，膜宽 1m，长度与槽一致。排水沟部位的薄膜每隔 25cm 开一个 1cm^2 的孔以利于排水。薄膜两侧用铁丝固定于土壤上。

（三）栽培槽观测井设置

栽培槽靠两侧山墙端埋设 PVC 管（直径 110cm，高 30cm、距底部 5cm 处向下斜切）作为观测井（图 8－3）。

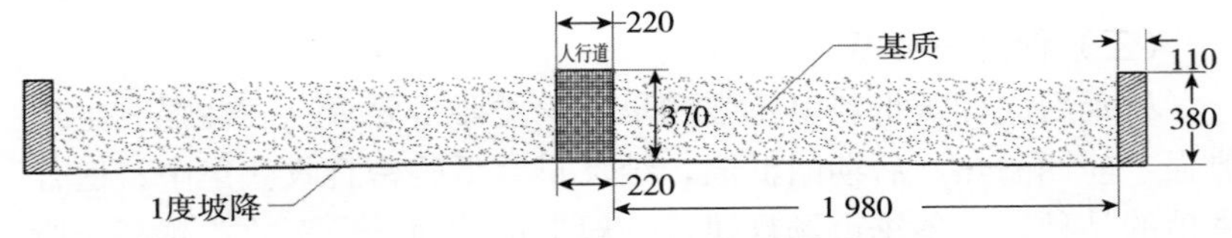

图 8－3　栽培槽观测井剖面图（mm）

（四）栽培槽分布

棚内共设 12 个栽培槽，其中地下 300 型 4 槽，地下 500 型 8 槽（图 8－4）。

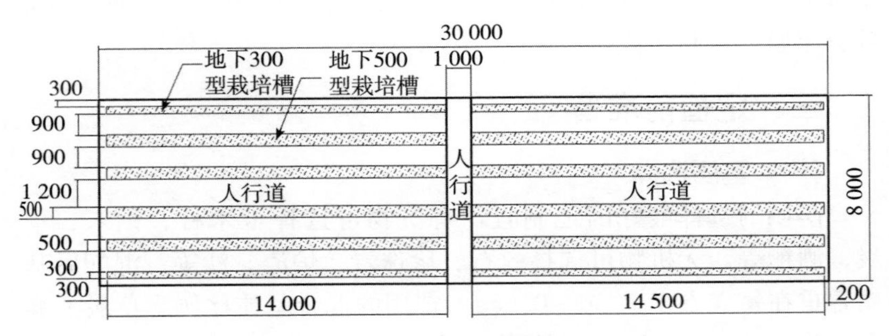

图 8－4　栽培槽分布图（mm）

（五）微灌（滴灌）系统设置

平整基质后安装滴灌系统，安装首部（水泵、水表、减压阀、施肥器、总阀门），铺设 PVC 主管及副管，地下 300 型每槽设 1 条微灌（滴灌）带、地下 500 型每槽设 2 条微灌（滴灌）带并由小球阀控制，带间距 25cm；覆盖地膜，浇透水（图 8－5）。

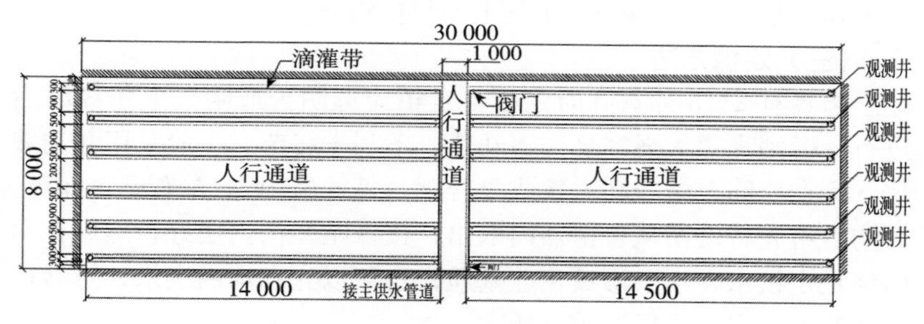

图 8－5　滴灌系统分布图（mm）

（六）棚内消毒

每立方米大棚用 5mL 甲醛熏蒸，密闭大棚 2d 左右。定植前棚内喷洒杀虫剂和灭菌剂各 1 次，消灭病害。

（七）扣棚膜挂天幕

早春大棚采用“四膜覆盖”，即一层大棚薄膜，二层天幕膜和苗上一层小拱棚膜，定植前 20d 扣大棚膜，以便提高地温，在大棚内 10cm 地温连续 3d 稳定通过 12℃即可定植。定植前 5～7d 挂天幕 2 层，间隔 20～30cm，最好选用厚度 0.012mm 的聚乙烯无滴地膜。

四、定植

（一）春提早黄瓜

塑料大棚春提早黄瓜栽培的时间因栽培地区气候条件不同而异，华北地区塑料大棚的安全定植期一般在 3 月下旬，因此一般于 2 月上旬在日光温室内育苗，长江流域、华东地区一般在 3 月中旬，越向南，其定植期越提早，而在高纬度地区，其安全定植期一般要延迟到4月中下旬。塑料大棚定植前20～30d，应及早覆盖薄膜，密闭闷棚，以提高气温和地温。塑料大棚春黄瓜定植密度大，产量高，应重施底肥。

（二）秋延后黄瓜

秋延后黄瓜一般在7月上中旬至8月上旬播种，7月下旬至8月上旬定植，9月上旬至11月上旬供应市场。

（三）定植方法

当具有2～3片真叶时定植。定植应选阴天或晴天下午3时后进行，否则光照太强容易伤害幼苗，不利于缓苗。一般采用开沟栽培，可在株间点施磷酸二铵或复合肥，每株施用5g左右肥料即可。开沟后可先将幼苗从育苗器内取出，按株距在沟内摆好，然后在沟内浇足定植水，水下渗后覆盖基质；也可以先在沟内浇水，然后按株距栽苗，水下渗后覆盖基质。

五、定植后管理

（一）缓苗期管理

1. 增加防寒保温措施 秧苗由温室环境转入大棚，棚内温度特别是夜温和地温都显著低于温室，加之刚刚定植处于缓苗期，抵抗低温能力很弱。所以，在定植初期，下午5时就应将大棚四周用草苫围上保温。特别是在突然降温的情况下，围苫时间要提前，并围严。若有条件可在瓜秧上加设小拱棚，或设双层覆盖措施。如果棚外最低气温低于－5℃，就有发生冻害的危险，应采取防寒措施，如在棚内生炭火，或用柴草熏烟驱寒。若外界最低气温－3℃左右，大棚内夜间11～12时可维持8℃左右，一般不会发生冻害。一旦发生轻微冻害，其抢救措施是在日出前给秧苗遮阴，不让阳光照射在秧苗上，同时给秧苗喷少量冷水。

2. 严防高温 黄瓜定植后，秧苗处于缓苗阶段，根系功能没有恢复正常，吸水能力较弱。如果突然遇高温，地上茎叶严重失水，地下部分又不能及时给以补充，在几小时之内秧苗就可能枯死。所以，在定植后若外界气温突然升高，棚内温度（近地面处）

超过 30℃时，就要把棚两端的门打开通风，如果温度仍降不下来，就应放侧风。但此时不要关通风口，因为以后仍有大风天，也要做好防风的准备。

（二）结瓜期管理

结瓜期的管理主要是调节瓜与秧的营养关系。前期主要是促秧控瓜。为了增加早期产量，要适当促瓜；进入结瓜盛期，为了增加总产量，主要是促瓜控秧；转入生长后期，为防止植株衰老，延长结瓜期，改为促秧控瓜。

1. 春提早栽培黄瓜

（1）定植后至根瓜采收　这一时期外界气温低，时有大风侵袭，棚内气温和地温也偏低，温度管理以保温为主。傍晚和夜间大棚四周要围草苫，定植初期一般不通风。

（2）从腰瓜坐住到顶瓜采收期　这一时期露地气温逐渐升高，持续高温时间较长，温度管理以降温为主。气温上午保持 28～30℃，下午 20～25℃，前半夜 15～17℃，后半夜 12～15℃。地温白天保持 20～25℃，夜间不低于 20℃。

（3）结果盛期　该期日夜大通风，通风方式以放肩风为最好，其次是放顶风，最差的是放底风。通风管理应注意 3 个问题：一是定植后至根瓜采收前，由于外界气温低，通风应掌握由小到大，特别不要放底风，防止边沿秧苗低温冷害。大棚内侧四周最好挂上 1m 高的塑料围裙保温。二是为保证棚内有充足的二氧化碳供光合作用，上午通风时间尽量在 10 时之后，因为棚内 10 时之前二氧化碳含量较高，10 时之后二氧化碳会因光合作用的大量吸收而降低。除调节棚内温度外，还应考虑向棚内补充二氧化碳，尽量进行棚内通风。三是为了防止棚内空气湿度过高，每次浇水之后都要及时通风排湿。

2. 秋延后黄瓜栽培　温湿度管理结瓜期随季节变化可分为前、中、后 3 个阶段。具体掌握是：前期 7 月中旬至 8 月下旬，以遮阴、降温、控水、防病、保壮苗为主。中期 9 月上旬至 10 月上旬，随外界气温的降低，一方面逐渐加大水肥供应促进结瓜，增加产量，另一方面及时搭建、修整或加固大棚拱架，撤换原有保温透光性能差的塑料棚膜。后期10月中旬以后，加强保温控湿，保坐瓜，延长采收期。在外果气温降至15℃时，逐渐放下棚膜。白天加大通风量，夜间缩小通风口。当外界气温降至15℃以下时，夜间闭风，白天超过30℃通风。以后，随外界气温的进一步下降，通风排湿时间改在午前超过25℃时进行，午后20℃时就要关闭风口，使棚温不低于12℃。寒露前后棚外气温下降较快，要逐渐缩短通风时间，最后完全密闭，加强防寒措施，夜间加围草苫，以尽量延长采收期。如果采取夜间围草苫并加火增温的办法，此茬黄瓜采收期可延长至11月中旬。在黄瓜采收前期，随采随卖，采收中后期，黄瓜可经短期贮藏后，分期分批上市销售，以争取更大的经济效益。

3. 植株管理 主蔓长至3m时，应及时搭架引蔓，采用立式篱架，要求2d缚蔓1次。到后期主蔓触及棚顶时，要摘除顶芽以免发生霜冻影响全株生长，同时要及时打掉下部的病残老叶，以利通风降湿，保肥保水，打叶时间最好选晴天中午进行。

（三）采收

1. 春提早栽培黄瓜 根瓜要及时采收，防止坠秧。结瓜初期每2～3d采收1次，结瓜盛期晴天每天采收，阴雨天每2～3d采收1次，采收应该在早晨进行，要细致操作，防止漏采，及时采掉畸形瓜。

2. 秋延后栽培黄瓜 大棚黄瓜秋延后一般每株可结3～5条瓜，每株产量1～1.5kg，应早摘，以免影响后续瓜成长，采后适当追肥水。为保证正常结瓜，应有选择地保留雌花，原则上相邻节位的雌花抹除其中一个，当第五雌花成瓜后，打掉余花，并摘顶，保肥壮果。进入11月，气温偏低，应加强保温，实践证明，在高于10℃的低温条件下，瓜条不受冻害，也不易衰老，采取闭棚保温防冻措施进行活苗贮瓜，瓜条可延至12月上中旬采摘上市，增加经济效益。

小结

1. 日光温室黄瓜栽培　日光温室黄瓜栽培茬口主要有：冬春茬、秋冬茬、越冬茬。

日光温室冬春茬黄瓜栽培，于深冬季节育苗，翌年早春开始收获，春末夏初结束，解决了大棚黄瓜上市前的市场供应，是农民增收致富的好途径。冬春茬黄瓜结瓜期处于春季和初夏季节，栽培技术较越冬茬容易，风险相对较小，但育苗期正值年中最寒冷的季节，日光温室小气候具有低温高湿的特点，特别是连续阴雨雪天气，因此千方百计防寒保温，并加强病害防治，培育适龄壮苗，是优质高产的关键技术。

日光温室黄瓜秋冬茬栽培，是衔接大中拱棚秋延后和日光温室冬春茬黄瓜生产的茬口安排，是北方地区黄瓜周年供应的重要栽培模式。这茬黄瓜一般在 8 月下旬播种，采用嫁接育苗，9 月定植。苗期处于炎热多雨季节，生长后期处于低温、弱光季节。

利用日光温室进行越冬茬黄瓜栽培立足于不加温或基本不加温（有限度的临时性补温），因此对温室的建造和管理要求严格。日光温室墙体厚度一般要达到当地最大冻土层厚度的 1.5 倍，目前生产中多采用半地下式日光温室。无论采用什么结构形式的高效节能日光温室，在严冬季节室内温度必须满足黄瓜生长发育最基本的需要。在正常管理条件下，室内最低温度应不低于 8℃。在高寒和日照条件差的地区，可采取临时补温措施，保证室内温度达到最低界限温度或高出 1～2℃。

日光温室所使用的栽培槽有地下 500 型和地下 300 型两种。地下 500 型：平整地面，开挖槽内长×宽×深＝（14～14.5）m×0.50m×0.25m 的矩形栽培槽，靠大棚中部一端高，山墙一端低，底部呈 U 形，坡降 1/100，槽间距 0.9m；栽培槽内及槽间地面均铺设地布或土工布。地下 300 型：平整地面，开挖槽内长×宽×深＝（14～14.5）m×0.30m×0.25m 的矩形栽培槽，靠大棚中部一端高，山墙一端低，底部呈 U 形，坡降 1/100，槽间距 0.9m；

栽培槽内及槽间地面均铺设土工布。

2. 塑料大棚黄瓜栽培 塑料大棚黄瓜栽培时，需要注意的几个方面：一是对品种的选择，选择前期耐低温、后期耐高温、抗病性强的优良品种，如津优10号、新泰密刺等。二是黄瓜定植前后的水肥管理及对定植后的温光管理，了解黄瓜的习性，在不同时期对其进行不同的管理。大棚黄瓜栽培茬主要有：春提早栽培、秋延后栽培。

塑料大棚春提早黄瓜栽培的时间因栽培地区气候条件不同而异，华北地区塑料大棚的安全定植期一般在3月下旬，因此一般于2月上旬在日光温室内育苗，长江流域、华东地区一般在3月中旬，越向南，其定植期越提早，而在高纬度地区，其安全定植期一般要延迟到4月中下旬。塑料大棚定植前20～30d，应及早覆盖薄膜，密闭闷棚，以提高气温和地温。塑料大棚春黄瓜定植密度大，产量高，应重施底肥。秋延后黄瓜一般在7月上中旬至8月上旬播种，7月下旬至8月上旬定植，9月上旬至11月上旬供应市场。

思考题

1. 日光温室不同茬口黄瓜进行品种选择时应考虑哪些因素？

2. 日光温室有哪些主要栽培茬口？以列表的方式总结不同茬口的播种期、定植期及市场供应期。

3. 日光温室各茬口黄瓜的栽培技术要点有哪些？

4. 春提早黄瓜和秋延后黄瓜栽培品种选择有何异同？

5. 大棚黄瓜早春栽培定植后连续低温对秧苗的危害及防寒措施是什么？

6. 大棚黄瓜早春茬定植后连续阴雨雪天气怎样管理？

7. 大棚黄瓜栽培怎样进行定植前准备？

8. 简述大棚黄瓜不同茬口栽培技术要点。

主要参考文献

白义奎，李天来，王铁良，2011. 辽宁日光温室结构研究进展. 北方园艺（1）：62-67.

贲海燕，2014. 氰氨化钙防治黄瓜根腐病及对土壤微生物种群效应的研究. 沈阳：沈阳农业大学.

别之龙，黄丹枫，2008. 工厂化育苗原理与技术. 北京：中国农业出版社.

陈德西，何忠全，郭云建，2017. 黄瓜腐皮镰孢根腐病的识别与防治技术. 四川农业科技（10）：27-29.

代玉立，2015. 枯草芽孢杆菌菌株 RSS-1 对油菜菌核病菌的生防作用及其机制研究. 合肥：安徽农业大学.

戴素英，曹岩坡，2016. 黄瓜栽培关键技术与疑难问题解答. 北京：金盾出版社.

董金皋，2015. 农业植物病理学. 北京：中国农业出版社.

范双青，1998. 西瓜甜瓜保护设施栽培，北京：中国农业大学出版社.

傅连海，张如玖，郭洪芸，1992. 日光温室蔬菜栽培技术. 北京：农业出版社.

高亚轻，2019. 不同 UV 照射对黄瓜霜霉病防控及其生理特性的影响. 泰安：山东农业大学.

郭世荣，李式军，陈斐，2000. 有机基质在蔬菜无土栽培上的应用研究. 沈阳农业大学学报（1）：89-92.

郭世荣，2003. 无土栽培学. 北京：中国农业出版社.

郭自伟，2000. 唐菖蒲温室栽培技术. 农业知识（13）：51-52.

何永梅，王迪轩，2016. 大棚蔬菜栽培实用技术. 北京：化学工业出版社.

洪晓月，2017. 农业昆虫学. 北京：中国农业出版社.

胡永军，赵小宁，2010. 黄瓜大棚安全高效栽培技术. 北京：化学工业出版社.

姜玉兰，王志鹏，2003. 大棚黄瓜有机复合基质栽培技术. 农业知识（12）：27-28.

蒋卫杰，余宏军，刘伟，2007. 蔬菜无土栽培新技术. 北京：金盾出版社.

金永祥，汪炳良，叶飞华，2016. 大棚蔬菜栽培技术. 武汉：武汉大学出版社.

孔亚丽，2014. 设施蔬菜瓜果安全优质高效栽培技术．北京：中国农业科学技术出版社．
李家旺，凌云昕，王际洲，2008. 黄瓜栽培科技示范户手册．北京：中国农业出版社．
李俊良，梁斌，2016. 设施蔬菜微灌施肥工程与技术．北京：中国农业出版社．
李天来，1997. 日光温室和大棚蔬菜栽培．北京：中国农业出版社．
刘文科，2016. 温室作物 LED 光环境调控方法//2016 年中国照明论坛——半导体照明创新应用暨智慧照明发展论坛论文集．
刘玉荣，2016. 黄瓜设施栽培新技术．北京：金盾出版社．
裴孝伯，2010. 有机蔬菜无土栽培技术大全．北京：化学工业出版社．
师惠芬，1986. 现代化蔬菜温室．上海：上海科学技术出版社．
施江，万文洪，1999. 怎样建造简易大棚．农村科技（9）.
宋铁峰，2009. 黄瓜无公害标准化栽培技术．北京：化学工业出版社．
孙可群，1987. 温室建筑与温室植物生态．北京：中国林业出版社．
孙小镭，2014. 黄瓜病虫害检索诊断与防治图谱．北京：金盾出版社．
孙振荣，2016. 作物水肥一体化技术理论研究与实践指导．北京：中国农业出版社．
谭金芳，2011. 作物施肥原理与技术．北京：中国农业大学出版社．
王惠哲，2003. 黄瓜根腐病病原菌的分离鉴定及室内药剂筛选．保定：河北农业大学．
王久兴，2011. 图解蔬菜无土栽培．北京：金盾出版社．
王楠，2010. 黄瓜和草莓主要病害的分子检测．上海：华东理工大学．
王永成，宋铁峰，张棚，2015. 图说棚室黄瓜栽培关键技术．北京：化学工业出版社．
韦强，范双喜，贾立民，1998. 黄瓜有机生态型实用无土栽培技术．中国蔬菜（5).
吴国兴，1998. 日光温室蔬菜栽培技术大全．北京：中国农业出版社．
闫敏，2003. 黄瓜枯萎病的生物防治研究．成都：四川农业大学．
杨小玲，宋兰芳，靳力争，2018. 设施果菜补光技术应用现状与展望．北方园艺（17)：166－170.
杨哲，2018. 九师设施蔬菜主要病害调查及防治对策研究．石河子：石河子大学．
张俊花，2013. 大棚温室黄瓜南瓜高产栽培一本通．北京：化学工业出版社．
朱志方，2017. 塑料棚温室种菜新技术．北京：金盾出版社．

图书在版编目（CIP）数据

设施黄瓜基质栽培原理与技术 / 李杰，吕剑主编.
—北京：中国农业出版社，2020.10
ISBN 978-7-109-27445-7

Ⅰ.①设… Ⅱ.①李… ②吕… Ⅲ.①黄瓜一蔬菜园艺 Ⅳ.①S642.2

中国版本图书馆 CIP 数据核字（2020）第 195428 号

中国农业出版社出版
地址：北京市朝阳区麦子店街 18 号楼
邮编：100125
责任编辑：郭银巧
版式设计：王 晨 责任校对：吴丽婷
印刷：中农印务有限公司
版次：2020 年 10 月第 1 版
印次：2020 年 10 月北京第 1 次印刷
发行：新华书店北京发行所
开本：880mm×1230mm 1/32
印张：6.75
字数：200 千字
定价：50.00 元
